计算机技术
开发与应用丛书

Python区块链量化交易

陈林仙 ◎ 编著

清华大学出版社
北京

内容简介

本书是目前市面上很少有的专门介绍区块链量化交易编程的书籍，本书侧重实战，先讲解区块链基础知识、交易所的基本概念和操作方法，后面重点介绍交易所 API 的使用方法及如何利用这些 API 编写交易策略程序，为读者编写自己的交易策略打下一个坚实的基础。

本书共 6 章，分为区块链基础篇和实战操作篇。区块链基础篇（第 1～3 章）详细介绍区块链的基础知识、加密货币交易所的基本概念和基本操作、交易所 API 详解，其中第 3 章是重点、难点；实战操作篇（第 4～6 章）介绍编写交易程序相关的 Python 语法知识、在服务器搭建 Python 程序运行环境的方法，抛砖引玉地介绍几个实际的交易策略，包括三角套利策略、MACD 指标策略、RSI 指标策略、币价波动监视机器人、捕捉插针策略等。

本书适合量化交易初学者使用，同时也为有交易经验的从业人员提供了多个项目案例作为参考。

版权所有，侵权必究。举报：010-62782989，beiqinquan@tup.tsinghua.edu.cn。

图书在版编目（CIP）数据

Python 区块链量化交易 / 陈林仙编著. -- 北京：清华大学出版社，2025.2. --（计算机技术开发与应用丛书）. -- ISBN 978-7-302-68417-6

Ⅰ．TP312.8；TP311.135.9

中国国家版本馆 CIP 数据核字第 2025WX1560 号

责任编辑：赵佳霓
封面设计：吴　刚
责任校对：郝美丽
责任印制：宋　林

出版发行：清华大学出版社
网　　址：https://www.tup.com.cn，https://www.wqxuetang.com
地　　址：北京清华大学学研大厦 A 座
邮　　编：100084
社 总 机：010-83470000
邮　　购：010-62786544
投稿与读者服务：010-62776969，c-service@tup.tsinghua.edu.cn
质量反馈：010-62772015，zhiliang@tup.tsinghua.edu.cn
课件下载：https://www.tup.com.cn，010-83470236
印 装 者：涿州汇美亿浓印刷有限公司
经　　销：全国新华书店
开　　本：186mm×240mm
印　　张：13.5
字　　数：304 千字
版　　次：2025 年 4 月第 1 版
印　　次：2025 年 4 月第 1 次印刷
印　　数：1～1500
定　　价：59.00 元

产品编号：106682-01

前言
PREFACE

在这个日新月异的数字化时代，区块链技术和量化交易已经成为金融科技领域的两大重要支柱。区块链的交易所没有涨停机制，7×24h全球交易，价格完全由市场决定，支持API自动交易，是量化交易者的乐园。目前，主流交易所的很大一部分交易是由量化交易程序自动执行的。

本书旨在为读者提供一份详尽而深入的指南，帮助读者理解并掌握如何使用Python进行区块链量化交易编程。

本书将带领读者走进神秘的区块链量化交易世界，详细讲解区块链的基础知识、基本概念和术语，探索币安和欧易最基础的交易API的使用方法，包括账户查询、获取实时行情、自动下单、设置止盈止损等基本功能，并加以综合运用，实现自己的交易策略。所有的示例代码都是在服务器上实际运行测试过的，保证可以顺利地将理论知识转换为实践能力。

无论你是金融工程师、数据科学家，还是对区块链和量化交易感兴趣的初学者，相信本书都能为你提供宝贵的经验和启示。让我们一起探索这个充满可能性的新世界吧！

本书主要内容

第1章介绍区块链的应用现状，包括区块链的发展历史、主流的区块链公链及区块链钱包的基本要素和区块链浏览器。

第2章介绍加密货币交易所，包括交易所的简介、交易所交易界面的介绍及交易所API设置。

第3章是本书的重点内容，详细介绍交易所API，包括币安API和欧易API。

第4章引导读者入门Python编程，介绍Python的安装、基本使用及和编写交易程序相关的基本语法知识。

第5章介绍云服务器的配置，包括服务器的申请、使用，以及最基本的Linux指令、Git指令简介等内容。

第6章通过实战项目，包括三角套利项目实战、MACD及RSI指标策略的实现、Telegram价格波动机器人的实现、捕捉行情波动策略的实现，帮助读者将理论知识转换为实践能力。

阅读建议

本书是一本区块链量化交易编程的基础入门、项目实战的技术教程,既包括详细的基础知识介绍,又提供了丰富的实际项目开发案例,包括详细的项目开发步骤,每个代码片段都有详细的注释标注和对应的操作说明。本书的基础知识、项目实战及原理剖析部分均提供了完整可运行的代码示例,可以帮助读者更好地、全方位地学习相关技术。

建议没有 Python 编程基础的读者认真学习第 4 章的知识;有 Python 开发经验的读者可以跳过第 4 章。扫描目录上方二维码可下载本书源码。

投资有风险。本书所有代码与示例仅限于教育用途,并不代表任何投资建议。本书不代表将来的交易会产生与示例同样的回报或亏损。

投资者在做出交易决策之前必须评估风险,确认自身可以承受风险方可投资。

由于时间仓促,书中难免存在疏漏之处,请读者见谅,并提宝贵意见。

陈林仙

2025 年 1 月

目录 CONTENTS

本书源码

区块链基础篇

第 1 章 区块链应用现状 ……………………………………………………………… 3
  1.1 区块链的发展历史 ……………………………………………………………… 3
    1.1.1 比特币的诞生 ……………………………………………………………… 4
    1.1.2 区块链底层实现的算法 …………………………………………………… 4
  1.2 主流的区块链公链 ……………………………………………………………… 8
    1.2.1 第 1 个公链：比特币 ……………………………………………………… 8
    1.2.2 以太坊：数字经济的创新引擎 …………………………………………… 9
    1.2.3 高速单层区块链 Solana …………………………………………………… 9
    1.2.4 生态完善的 BSC 智能链 ………………………………………………… 10
    1.2.5 波场链（Tron）：高速公链 ……………………………………………… 10
    1.2.6 稳定币 USDT 和 USDC …………………………………………………… 10
  1.3 区块链钱包的基本要素 ……………………………………………………… 11
    1.3.1 比特币钱包要素 …………………………………………………………… 11
    1.3.2 以太坊钱包要素 …………………………………………………………… 12
    1.3.3 波场钱包要素 ……………………………………………………………… 13
  1.4 区块链钱包和区块链浏览器 ………………………………………………… 13
    1.4.1 主流区块链钱包和插件 …………………………………………………… 13
    1.4.2 主流区块链浏览器 ………………………………………………………… 24

第 2 章 加密货币交易所介绍 ……………………………………………………… 33
  2.1 加密货币交易所简述 ………………………………………………………… 33
    2.1.1 什么是中心化交易所 ……………………………………………………… 33
    2.1.2 什么是去中心化交易所 …………………………………………………… 33
    2.1.3 主流中心化交易所有哪些 ………………………………………………… 36
    2.1.4 现货交易 …………………………………………………………………… 36
    2.1.5 合约交易 …………………………………………………………………… 37
    2.1.6 期权交易 …………………………………………………………………… 38

2.2 加密货币交易所交易界面介绍 ·· 38
　　2.2.1 币安现货交易界面 ·· 38
　　2.2.2 币安现货交易下单界面 ·· 39
　　2.2.3 币安合约交易界面 ·· 40
　　2.2.4 币安合约交易下单界面 ·· 41
　　2.2.5 欧易币币交易界面 ·· 42
　　2.2.6 欧易 U 本位合约交易界面 ·· 43
　　2.2.7 欧易合约交易下单界面 ·· 43
2.3 交易所 API 设置 ··· 44
　　2.3.1 币安 API 设置界面 ·· 45
　　2.3.2 欧易 API 设置界面 ·· 48

第 3 章　交易所 API 介绍 ·· 49

3.1 API 功能简述 ·· 49
3.2 币安 API ··· 49
　　3.2.1 币安现货 API ·· 50
　　3.2.2 查询现货钱包余额 API ·· 50
　　3.2.3 现货深度信息 API ·· 51
　　3.2.4 现货有限深度信息 WebSocket API ······································ 53
　　3.2.5 现货 K 线数据 API ·· 54
　　3.2.6 现货 K 线数据 WebSocket API ··· 56
　　3.2.7 现货下单 API ·· 57
　　3.2.8 现货查询订单信息 API ·· 62
　　3.2.9 现货取消订单 API ·· 63
　　3.2.10 应用示例：现货 API 综合应用 ·· 64
　　3.2.11 币安合约 API ·· 69
　　3.2.12 合约深度信息 API ·· 69
　　3.2.13 合约有限深度信息 WebSocket API ··································· 70
　　3.2.14 合约 K 线 API ··· 72
　　3.2.15 合约 K 线数据 WebSocket API ·· 74
　　3.2.16 合约查询余额 API ·· 75
　　3.2.17 合约设置逐仓全仓 API ·· 76
　　3.2.18 合约设置杠杆倍数 API ·· 77
　　3.2.19 合约下单 API ·· 77
　　3.2.20 合约查询订单 API ·· 81
　　3.2.21 合约取消订单 API ·· 81
　　3.2.22 应用示例：合约 API 综合应用 ·· 82
3.3 欧易 API ··· 83
　　3.3.1 查询钱包余额 API ·· 84
　　3.3.2 设置逐仓模式 API ·· 85

3.3.3 设置杠杆倍数 API ·············· 86
3.3.4 获取深度信息 API ·············· 86
3.3.5 获取 K 线数据 API ·············· 90
3.3.6 币币市价下单 API ·············· 91
3.3.7 币币限价下单 API ·············· 94
3.3.8 合约市价开仓和平仓 API ······· 95
3.3.9 合约限价开仓 API ·············· 97
3.3.10 合约止盈止损单 API ·········· 98
3.3.11 查询订单信息 API ············· 98
3.3.12 取消订单 API ··················· 99
3.3.13 应用示例 ························ 100

实战操作篇

第 4 章 Python 编程基础 ··············· 105
4.1 Python 简介 ························· 105
4.2 Python 安装 ························· 105
4.3 Python 集成开发环境 ············· 106
4.4 Python 包管理工具 pip 用法 ···· 107
4.5 Python 基本语法 ··················· 108
   4.5.1 Python 的变量和数据类型 ····· 109
   4.5.2 Python 数据类型转换 ············ 111
   4.5.3 Python 的注释 ····················· 111
   4.5.4 Python 的运算符 ·················· 111
   4.5.5 Python 的列表 ····················· 112
   4.5.6 Python 的字典数据 ··············· 113
   4.5.7 Python 的条件控制 ··············· 114
   4.5.8 Python 的循环语句 ··············· 114
   4.5.9 Python 的函数 ····················· 115
   4.5.10 Python 的命令行参数 ·········· 117
   4.5.11 捕捉异常 ·························· 118
   4.5.12 Python 的异步编程 ············· 119

第 5 章 云服务器的配置和使用 ······· 121
5.1 云服务器简介 ······················· 121
5.2 亚马逊 AWS EC2 主机申请 ····· 121
5.3 Linux 系统简介 ····················· 129
5.4 Linux 系统目录结构 ··············· 129
5.5 Linux 常用操作指令 ··············· 130
   5.5.1 创建目录指令 ······················ 130
   5.5.2 改变目录指令 ······················ 130

5.5.3 显示目录中包含的文件和子目录的指令 ············ 131
5.5.4 创建 Python 程序文件指令 ············ 131
5.5.5 运行 Python 程序文件指令 ············ 133
5.5.6 程序运行结果保存到日志文件指令 ············ 134
5.5.7 中止程序运行 ············ 134
5.5.8 程序后台运行指令 ············ 134
5.5.9 查看后台运行程序的指令 ············ 134
5.5.10 关闭后台运行程序的指令 ············ 135
5.5.11 删除文件或目录的指令 ············ 135
5.5.12 移动文件或目录的指令 ············ 135
5.5.13 查看文本文件内容指令 ············ 136
5.5.14 查看文本文件头部内容指令 ············ 136
5.5.15 查看文本文件尾部内容指令 ············ 136
5.6 Git 指令介绍 ············ 136
5.6.1 计算机端安装 Git ············ 136
5.6.2 服务器端安装 Git ············ 138
5.6.3 注册 Gitee 账号并创建仓库 ············ 138
5.6.4 计算机端创建仓库 ············ 139
5.6.5 服务器端拉取仓库代码 ············ 139

第 6 章 项目实战 ············ 140
6.1 币安三角套利策略 ············ 140
6.1.1 第 1 步实现 BTCUSDT 的交易 ············ 141
6.1.2 第 2 步实现 ETHBTC 的交易 ············ 142
6.1.3 第 3 步实现 ETHUSDT 的交易 ············ 142
6.1.4 三角套利策略的准备工作 ············ 143
6.2 欧易三角套利策略 ············ 147
6.2.1 实现 BTCUSDT 的交易 ············ 147
6.2.2 实现 ETHBTC 的交易 ············ 148
6.2.3 实现 ETHUSDT 的交易 ············ 149
6.2.4 三角套利策略的准备工作 ············ 150
6.3 币安 MACD 指标策略 ············ 155
6.3.1 获取命令行参数 ············ 155
6.3.2 获取 K 线数据 ············ 157
6.3.3 计算 MACD 指标 ············ 157
6.4 欧易 MACD 指标策略 ············ 164
6.4.1 获取 K 线数据 ············ 164
6.4.2 使用 Pandas 计算 MACD 指标 ············ 164
6.4.3 根据 MACD 指标中的金叉死叉信号来开仓平仓 ············ 165
6.4.4 开仓平仓 API ············ 165

- 6.5 币安 RSI 指标策略 …………………………………………………………… 169
  - 6.5.1 获取命令行参数 …………………………………………………… 169
  - 6.5.2 获取 K 线数据 ……………………………………………………… 170
  - 6.5.3 计算 RSI 指标 ……………………………………………………… 170
- 6.6 欧易 RSI 指标策略 …………………………………………………………… 173
- 6.7 币安币价波动监视机器人 …………………………………………………… 174
  - 6.7.1 注册一个聊天机器人(Bot) ………………………………………… 175
  - 6.7.2 获取 chat_id ………………………………………………………… 176
  - 6.7.3 导入 Telegram 包 …………………………………………………… 176
  - 6.7.4 用 Python 编写聊天机器人程序 …………………………………… 178
- 6.8 欧易币价波动监视机器人 …………………………………………………… 182
- 6.9 币安捕捉插针策略机器人 …………………………………………………… 184
  - 6.9.1 获取 K 线数据 ……………………………………………………… 185
  - 6.9.2 实现下单函数 ……………………………………………………… 186
  - 6.9.3 实现取消所有订单函数 …………………………………………… 186
  - 6.9.4 实现取消订单函数 ………………………………………………… 186
  - 6.9.5 获取下单数量精度函数 …………………………………………… 187
  - 6.9.6 获取价格精度函数 ………………………………………………… 187
  - 6.9.7 程序主要逻辑 ……………………………………………………… 187
- 6.10 欧易捕捉插针策略机器人 ………………………………………………… 193
  - 6.10.1 获取 K 线数据 ……………………………………………………… 193
  - 6.10.2 实现下单函数 ……………………………………………………… 194
  - 6.10.3 实现取消订单函数 ………………………………………………… 194
  - 6.10.4 获取下单数量精度函数 …………………………………………… 194
  - 6.10.5 获取价格精度函数 ………………………………………………… 195
  - 6.10.6 程序主要逻辑 ……………………………………………………… 195

区块链基础篇

第 1 章　区块链应用现状

CHAPTER 1

本章从区块链的基本概念入手,介绍区块链的基本原理、主流区块链的特点及钱包相关概念,为后续编写交易程序做好准备。

区块链(Blockchain)是一种块链式存储、安全可靠、不可篡改、去中心化的账本。它的底层技术基于密码学和共识机制,同时结合了分布式存储技术和 P2P 点对点传输技术,从而实现了庞大交易数据的安全性。区块链的主要特点如下。

(1) 去中心化:区块链不依赖于中央机构或单一控制者,而是由网络中的多个节点共同维护和验证的。

(2) 安全可靠:每个区块都包含前一个区块的哈希值,一旦有数据被篡改,后续区块将无法通过验证,确保数据的完整性。

(3) 不可篡改:一旦数据被写入区块链,几乎不可能被修改或删除,因此具有高度的防篡改性。

(4) 分布式存储:区块链数据分布在网络的多个节点上,不依赖于单一服务器,提高了可靠性和抗攻击性。

(5) P2P 传输:区块链网络中的节点直接通信,无须中介,提高了传输效率。

总之,区块链技术已经在金融、供应链、物联网等领域得到广泛应用,成为一项具有革命性潜力的技术。

1.1　区块链的发展历史

区块链的发展历史可以分为以下两个关键阶段。

(1) 1.0 阶段(比特币时代):以比特币为代表,实现了去中心化的加密数字货币的发行和流通。比特币始于 2008 年,由中本聪(Satoshi Nakamoto)提出,并在 2009 年挖掘出了创世区块,正式开启了区块链 1.0 时代。这一阶段主要关注加密货币的基础设施和交易。

(2) 2.0 阶段(以太坊时代):以以太坊为代表,区块链进入了更加复杂和多样化的应用场景。在这一阶段,智能合约成为关键技术,使区块链应用可以满足更广泛的需求。以太坊诞生于 2015 年,它引入了智能合约功能,允许开发者构建更复杂的去中心化应用。

1.1.1 比特币的诞生

中本聪在2008年的《比特币白皮书》中首次提出了区块链的概念。随后,在2009年,他创建了比特币公链,并开发出了第1个区块,即"创世区块"。比特币的去中心化思想影响了后来众多加密货币,包括以太坊、莱特币、瑞波币、EOS、Solana、波场币、Filecoin、波卡币、狗狗币等。这些加密货币在不同领域有着广泛的应用和影响。

1.1.2 区块链底层实现的算法

区块链是一种不断增长的全网总账本,每个完全节点都拥有完整的交易记录。账本的每页就是一个区块,通过区块可以查看最新的交易记录,也能追溯历史交易记录。每个区块还保存着上一个区块的默克尔树(Merkle)哈希值。一旦有一个区块的数据被修改,后续的区块就无法通过验证,从而防止了数据被篡改。

哈希算法,又被称为散列算法,是一种单向函数。它可以将任意长度的原始值字符串转换为固定长度的哈希字符串,即使原始值微小变动,也会引起哈希值的巨大变化。这种特性使哈希算法在区块链中被广泛应用,用于确保数据的完整性和安全性。常见的哈希算法有MD5、SHA1、SHA256等。

下面以一个实例演示区块链的结构,首先定义一个区块结构block,index是区块高度,也就是区块的编号,这是一个递增的值。timestamp是时间戳,是产生区块的时间。proof是工作证明,通过SHA256(一种散列算法)解密成功,获得创建区块的权限。previous_hash是上一个区块的哈希值。

```
#定义一个区块的字典
block = {
    "index": 1,                                    #区块高度
    "timestamp": "2024 - 05 - 19 08:07:06.553530", #时间戳
    "proof": 1,                                    #工作证明
    "previous_hash": 0,                            #上一个区块的哈希值
}
```

建立一个存储区块的列表(也叫数组),整个列表就是一个区块链,代码如下:

```
chain = []        #存储区块的数组,也就是区块链
```

把第1个区块(也叫创世纪区块)加入链中,代码如下:

```
chain.append(block)
```

陆续加入其他区块,区块的生成需要通过有一定难度的工作证明来解密:

```
new_proof = 1              #新工作证明
check_proof = False        #解密是否成功

while check_proof is False:
```

```python
# SHA256 哈希
hash_operation = hashlib.sha256(
    str(new_proof ** 2 - previous_proof ** 2).encode()
).hexdigest()
# 如果哈希运算后的值的最后 5 位是 00000,则表示解密成功
if hash_operation[:5] == "00000":
    check_proof = True  # 退出循环,解密成功
else:
    new_proof += 1
```

SHA256 运算得到一个哈希值:

```
00000d27548b48fb9948dec841504bb2dfe0ad4812f0f6c049f2cd02dada6dcd
```

当此哈希值的前 5 位是 0,代表解密成功。

挖矿流程的代码如下:

```python
# 挖矿
def mine_block():
    previous_block = print_previous_block()         # 获得前一个区块
    previous_proof = previous_block["proof"]        # 获得前一个区块的工作中证明
    proof = proof_of_work(previous_proof)           # 解密
    # 本区块的 previous_hash = 前一个区块数据的哈希值
    previous_hash = hash(previous_block)
    # 创建新区块
    block = create_block(proof, previous_hash)

    response = {
        "message": "A block is MINED",
        "index": block["index"],
        "timestamp": block["timestamp"],
        "proof": block["proof"],
        "previous_hash": block["previous_hash"],
    }

    return response
```

用 Python 实现的最简单区块链的完整代码如下:

```python
# 文件名 chainblock.py

import datetime
import hashlib
import json


chain = []                                          # 链数组

# 新建一个块
def create_block(proof, previous_hash):
```

```python
        block = {
            "index": len(chain) + 1,                          # 区块编号
            "timestamp": str(datetime.datetime.now()),        # 时间戳
            "proof": proof,                                   # 工作证明
            "previous_hash": previous_hash,                   # 上一个区块的哈希值
        }
        chain.append(block)
        return block


    # 显示前一个块
    def print_previous_block():
        return chain[-1]


    # 如果工作证明成功,则挖矿成功
    def proof_of_work(previous_proof):
        new_proof = 1
        check_proof = False

        while check_proof is False:
            # 解密,如果哈希运算后的值的最后 5 位是 00000,则表示解密成功
            hash_operation = hashlib.sha256(
                str(new_proof ** 2 - previous_proof ** 2).encode()
            ).hexdigest()
            if hash_operation[:5] == "00000":
                check_proof = True
            else:
                new_proof += 1

        return new_proof

    # 哈希运算
    def hash(block):
        encoded_block = json.dumps(block, sort_keys=True).encode()
        return hashlib.sha256(encoded_block).hexdigest()

    # 校验整个链是否合法
    def chain_valid(chain):
        # 获得前一个区块
        previous_block = chain[0]
        block_index = 1

        while block_index < len(chain):
            block = chain[block_index]
            if block["previous_hash"] != hash(previous_block):
```

```python
            return False
        # 前一个区块的工作证明
        previous_proof = previous_block["proof"]
        proof = block["proof"]
        hash_operation = hashlib.sha256(
            str(proof ** 2 - previous_proof ** 2).encode()
        ).hexdigest()
        # 检查经过 SHA256 哈希运算后的值的最后 5 位是不是 0
        if hash_operation[:5] != "00000":
            return False
        previous_block = block
        block_index += 1

    return True

# 挖矿
def mine_block():
    previous_block = print_previous_block()
    previous_proof = previous_block["proof"]
    proof = proof_of_work(previous_proof)
    previous_hash = hash(previous_block)
    block = create_block(proof, previous_hash)

    response = {
        "message": "A block is MINED",
        "index": block["index"],
        "timestamp": block["timestamp"],
        "proof": block["proof"],
        "previous_hash": block["previous_hash"],
    }
    return response

# 主函数
def main():
    create_block(proof = 1, previous_hash = "0")     # 创建第 1 个区块
    mine_block()                                      # 挖矿
    mine_block()                                      # 挖矿
    mine_block()                                      # 挖矿
    print(chain)                                      # 显示整条链数据
    print(chain_valid(chain))                         # 校验整条链

if __name__ == "__main__":
    main()
```

运行结果如图 1-1 所示。

```
[
    {
        "index": 1, //区块高度
        "timestamp": "2024-05-19 08:07:06.553530", //时间戳
        "proof": 1, //工作证明
        "previous_hash": "0" //上一个区块的哈希,第一个区块的previous_hash值为0
    },
    {
        "index": 2, //区块高度
        "timestamp": "2024-05-19 08:07:06.848859", //时间戳
        "proof": 632238, //工作证明
        //上一个区块的哈希
        "previous_hash": "fd037ad3f0544073be6045d0baae7c89cc50afc4adfaeac9d35a89e8bcb5dacd"
    },
    {
        "index": 3, //区块高度
        "timestamp": "2024-05-19 08:07:07.047526", //时间戳
        "proof": 403091, //工作证明
        //上一个区块的哈希
        "previous_hash": "89736090a41b72e970e36c894a1177d2e66209287019dac44d0c79602de907a6"
    },
    {
        "index": 4, //区块高度
        "timestamp": "2024-05-19 08:07:07.378812", //时间戳
        "proof": 714736, //工作证明
        //上一个区块的哈希
        "previous_hash": "7a090b96a00d22acc25d7ec6b09daaae6fc937f8ebfd3f177174c707868b472a"
    }
]
```

图 1-1　用 Python 实现的一个区块链

1.2　主流的区块链公链

区块链公链,又称公有链,是指任何人都可以读取和参与的去中心化区块链。这些公链的主要特点如下。

(1) 去中心化:公链不依赖于中央机构或单一控制者,而是由网络中的多个节点共同维护和验证的。

(2) 开放性:任何人都可以加入公链网络,查看交易记录、创建智能合约等。

(3) 透明性:公链上的交易和数据都是公开可见的,任何人都可以验证。

(4) 安全性:公链使用密码学和共识机制来确保数据的安全性和完整性。

主流的公链包括比特币、以太坊、Solana、BSC(Binance Smart Chain)、波场链等。

1.2.1　第 1 个公链:比特币

比特币(Bitcoin)是第 1 个去中心化的加密货币,也是整个加密货币市场的风向标。以下是比特币的一些关键特点。

(1) 符号和单位:比特币的符号是 BTC,最小单位是聪(Satoshi),1BTC=100 000 000 聪。

(2) 总量:比特币的总发行量限定为 2100 万个。

(3) 区块链账本:比特币的区块链由一个个区块组成,每个区块包含一定数量的交易

信息。目前,每个区块的大小约为 1MB,但未来可能扩容到 2~4MB。

(4) 共识机制:比特币采用工作量证明(Proof of Work,PoW)作为共识机制。矿工通过计算指定难度的 SHA256 哈希值来争夺记账权。在挖矿过程中,矿工需要找到特定数值(例如哈希值前缀为 0000),以获得记账权。成功后,进行区块验证并获得区块奖励。2009 年,每个区块的奖励是 50 个 BTC,每挖出 21 万个区块(大约 4 年时间),奖励减半。到 2024 年 4 月 28 日已再次减半,变为 3.125 个 BTC。

(5) 出块速度:比特币每 10min 产生一个区块。每笔交易至少需要经过 3 个新区块的确认,大约需要 30min。

比特币的去中心化、安全性和稀缺性使其成为数字金融领域的重要标杆。

1.2.2 以太坊:数字经济的创新引擎

以太坊(Ethereum)是一种去中心化的公共区块链平台,被誉为第 2 代区块链技术。以下是关于以太坊的一些关键信息。

(1) ETH(以太币):ETH 是以太坊的原生加密货币。目前,以太坊市值仅次于比特币,位居整个区块链世界的第 2 位。以太坊于 2015 年启动,2022 年将共识机制从工作量证明(PoW)转变为权益证明(PoS),不再依赖大规模矿机。

(2) 智能合约:以太坊最大的特点之一是支持智能合约。智能合约是运行在区块链上的代码程序,使用 Solidity 语言编写。它们可以协助验证合约的谈判和执行授权、转账、新发代币、创建去中心化应用程序(DApp)等操作。

DApp 是去中心化应用(Decentralized Application)的缩写,DApp 是建立在去中心化网络上的软件应用,它结合了智能合约和前端用户界面。DApp 运行在点对点的区块链网络上,利用区块链技术的力量以安全透明的方式处理数据并执行交易。DApp 的核心是智能合约。DApp 的用户界面通常是一个网页应用程序,用户可以通过浏览器访问。用户可以与智能合约进行交互,查看数据、提交交易等。

(3) 单位:ETH 的最小单位是 wei,$1\text{ETH}=10^{18}\text{wei}$。

(4) 交易速度:以太坊的出块时间为 10~12s,每笔交易至少需要经过 6 个区块的确认,因此交易时间大约为 70s。

(5) 代币标准:ERC20 同质化代币和 ERC721 非同质化代币。目前交易所里大部分代币是基于 ERC20 的,例如 USDT、USDC、UNI。代币地址都是以 0x 开头的,和 ETH 地址一样。ERC721 是用来创建 NFT 的,也就是数字藏品。

(6) Layer2 技术:以太坊现在正在开发 Layer2(二层网络),主要功能是在 Layer2 上把众多交易打包在一起发送给以太坊主网,大幅度加快交易的确认时间,同时大幅度降低手续费(Gas 费)。Layer2 技术被称为加密货币下一轮牛市的发动机。

1.2.3 高速单层区块链 Solana

Solana 是一种高速单层区块链,采用历史证明(PoH)作为共识机制。以下是关于

Solana 的一些关键信息。

（1）交易速度：Solana 支持每秒 65 000 笔交易，出块时间仅为 400ms。

（2）代币标准：Solana 链的代币标准是 SPL（Solana Program Library），它支持智能合约。

（3）手续费：相较于以太坊链，Solana 的手续费较低。

（4）代币发行：由于其高速和低成本，许多代币选择在 Solana 链上发行。

Solana 的创新使其成为区块链领域备受关注的项目之一。

1.2.4 生态完善的 BSC 智能链

BSC（Binance Smart Chain）是由币安创建的与以太坊兼容的区块链。以下是关于 BSC 的一些关键信息。

（1）功能与兼容性：BSC 提供了许多以太坊功能，如智能合约和 DApp，同时具备更快的交易速度和更低的交易费用。BSC 的钱包地址和以太坊的 ERC20 地址格式完全一样。

（2）共识机制：BSC 采用 PoSA（Proof of Stake Authority）权益证明作为共识机制。它建立在 21 个验证节点的网络上，实现了秒级出块。

（3）代币标准：BEP-20 是币安智能链的代币标准，支持智能合约。这使 BSC 成为一个生态完善且兼容性强的区块链。

BSC 的创新和高效性使其在数字经济中备受关注。

1.2.5 波场链（Tron）：高速公链

波场链（Tron）是由孙宇晨创建的去中心化区块链。以下是关于波场链的一些关键信息。

（1）波场币（TRX）：波场币是波场链的原生加密货币。

（2）共识机制：波场链采用 DPoS（Delegated Proof of Stake）作为共识机制。DPoS 机制通过选举一定数量的超级节点来验证和打包交易，从而实现了快速交易确认。波场链每 3s 出一个新区块，能实现秒级转账。

（3）代币标准：波场链上的代币标准是 TRC20，其中，最著名的代币是 USDT（Tether）。波场链上的 USDT 转账手续费比以太坊链上的 USDT 更低，因此得到广泛使用。

波场链的高速性和低成本使其在数字经济中备受关注。

1.2.6 稳定币 USDT 和 USDC

USDT（Tether）：USDT 是一种加密稳定币，由隶属于中国香港的泰达公司于 2014 年推出。泰达公司声称，每发行 1 美元的 USDT，就会对应保留 1 美元的储备。USDT 主要用于加密货币交易所，用户可以使用购买到的 USDT 与其他数字货币进行交易。

USDC(USD Coin)：USDC 也是一种加密稳定币，与美元挂钩。它由 Circle 公司于 2018 年推出，可以在以太坊、Solana 等主链上运行。USDC 是市值仅次于 USDT 的第二大稳定数字币。

这两种稳定币在加密货币领域中发挥着重要作用，为用户提供了一种与传统货币相对稳定的价值储存和交易工具。

1.3 区块链钱包的基本要素

区块链钱包的基本要素包括私钥、公钥、地址、助记词。下面分别介绍比特币、以太坊（BSC 链是兼容以太坊的，所以私钥地址格式完全一样）、波场钱包的基本要素。

1.3.1 比特币钱包要素

比特币的私钥本质上是个随机数，私钥经过椭圆曲线加密算法（Elliptic Curve Digital Signature Algorithm，ECDSA）计算出公钥，这个计算是单向的，也就是说用私钥可以推导出公钥，反过来用公钥无法推导出私钥。用公钥的一部分推导出地址。

（1）私钥：范围是从 1 到 FFFFFFFFFFFFFFFFFFFFFFFFFFFFFFFEBAAEDCE6AF48A03BBFD25E8CD0364140。

（2）公钥：公钥是通过对私钥进行椭圆加密算法而得到的。公钥包括压缩格式和非压缩格式，二者可以互相转换，二者均不能反向推导出私钥。

（3）地址：地址是对公钥的后 20 字节进行单向哈希运算得到的。

比特币的地址有以下 3 种。

① 普通地址（P2WPKH）：以 1 开头，由 26~35 个字符组成；

② 隔离见证地址（SegWit Native）：是一种新格式，为了提高交易效率，以 bc1 开头；

③ 隔离见证地址（SegWit Compatible）：混合了传统地址和隔离见证地址格式，以 3 开头。

（4）助记词：助记词是为了把不容易记忆的私钥转换为人类可读形式的单词组合，目前使用最多的助记词格式是 BIP39，共有 2048 个单词。助记词和私钥是等效的，只要有助记词或私钥，就可以把地址中的币转走。

用 Python 生成比特币钱包私钥和地址的代码如下：

```
# 文件名 btcWallet.py
from bitcoin import *

privKey = random_key()                  # 随机数生成私钥
publicKey = privtopub(privKey)          # 公钥
addr = pubtoaddr(publicKey)             # 地址
```

```
print(f"私钥:{privKey}")
print(f"公钥:{publicKey}")
print(f"地址:{addr}")
# 运行结果:
私钥:2a9341b0970b0939b64452ce578110f8250939b330daa2dbf8dc3bcadddfe1b2
公钥:04033de99d1af6f29bb12649235d7cf83d3d36a94d8077fefbdb8f3f3dd61726a7dc79a5b34a6f2bc10
1e7323e27858f446c1061929357f197fa602cc44f1e751c
地址:1Ahx9B49iQZ2Si259zNaPtjBUttRU7fZTn
```

1.3.2　以太坊钱包要素

以太坊的私钥本质上就是一个随机的 256 位数字，私钥通过椭圆加密算法得到公钥，公钥通过一系列哈希运算得到地址。

（1）私钥：以太坊私钥是 256 位的数，相当于 32 字节，用十六进制表示，也就是 64 个 0～F 的字符。以太坊私钥生成，就是选取一个 $1\sim 2^{256}$ 的随机数，这是一个非常重要的数字，因为它是用户访问和控制其以太坊钱包的唯一方式。

（2）公钥：公钥是通过椭圆曲线加密算法（Elliptic Curve Cryptography，ECC）从私钥派生出来的。和比特币一样，这个过程也是单向的，无法用公钥逆推私钥。

（3）地址：以太坊地址是由公钥生成的。首先，公钥会被 Keccak-256 哈希函数处理，然后取哈希值的最后 20 字节（40 个十六进制字符），并在前面加上"0x"，这样就得到了以太坊地址。

（4）助记词：以太坊的助记词是一种用于恢复钱包的方法，它是一种安全措施，用于在丢失私钥时恢复钱包，助记词等效于私钥。助记词通常由 12 或 24 个英文单词组成，这些单词是从一个特定的词汇表中选取的。这些单词的顺序非常重要，因为它们将被用来生成私钥。

用 Python 生成以太坊私钥和地址，代码如下：

```
# 文件名 ethWallet.py
from eth_keys import keys
from eth_account import Account
import os

# 用随机数生成新的私钥
private_key = keys.PrivateKey(os.urandom(32))
print(f"私钥: {private_key}")
# 用私钥生成公钥
public_key = private_key.public_key
# 用公钥推导出地址
address = public_key.to_checksum_address()
print(f"地址: {address}")

# 运行结果
# 私钥: 0x526e38807263b77729a366a8eeb9dcbee97944deb4fab299632b92bba28a44a8
# 地址: 0xbB183BB28F427C1ce72782F6f6861E803c0e9313
```

1.3.3　波场钱包要素

波场链私钥、公钥、地址助记词的生成原理和以太坊的完全一样，不同点是波场的地址以 T 开头。

用 Python 生成波场私钥和地址，代码如下：

```python
# 文件名 tronWallet.py
from tronpy.keys import PrivateKey

# 用随机数生成私钥
Private = PrivateKey.random()
# 用私钥生成公钥和地址
Address = Private.public_key.to_base58check_address()
print("私钥", Private)
print("地址", Address)

# 运行结果
# 私钥 938f85a3a866f932107b1e912a34bfa98de9d311f35d506d2bfeac4929ddf171
# 地址 TXP4ey31F66QEsgL76EFcdyvqtwg2DPhXh
```

1.4　区块链钱包和区块链浏览器

本节介绍主流的区块链钱包和区块链浏览器及使用方法。

1.4.1　主流区块链钱包和插件

区块链钱包分为全节点钱包和轻钱包两类，全节点钱包会保存所有区块的交易记录，轻钱包则只保存密码、私钥、助记词等用户敏感信息，更多信息需要连接区块节点进行查询。

（1）比特币钱包：Bitcoin Core 是比特币官方钱包，计算机桌面程序，支持 Windows 系统和 macOS 系统，是一个全节点钱包，具有安全性高、拥有完全的资金掌控权、完全的透明度、功能强大等特点。数据同步完成后，钱包才可以正常使用。同步区块过程漫长，同步区块数据后会占用 500GB 以上硬盘空间。Bitcoin Core 钱包界面如图 1-2 所示。

Bitcoin Core 钱包使用方法如下：

前往 Bitcoin Core 的官方网站，选择适合的操作系统的版本进行下载。Bitcoin Core 支持 Windows、Mac OS X 及 Linux 系统。

初次运行时，Bitcoin Core 需要下载整个比特币区块链数据库。这一过程可能耗时较长，具体时间取决于网络速度和计算机性能。等待区块链同步完成后，钱包将准备好使用。

如果是首次使用 Bitcoin Core，则可以创建一个新的钱包。选择 File→New/Restore→Create a new wallet，然后按照提示设置密码和备份种子短语。

如果已经有了种子短语或已存在的钱包，则选择 File→New/Restore→Restore a

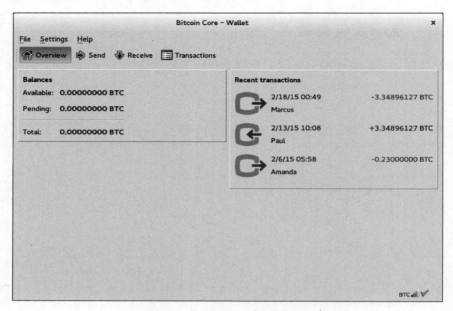

图 1-2 Bitcoin Core 钱包界面

wallet，输入种子短语并设置密码。

接收和发送比特币，单击 Receive 选项，将获得一个接收地址。将此地址分享给其他人，他们可以向你发送比特币。单击 Send 选项，输入接收方的地址和金额，然后确认交易。

Bitcoin Core 还提供了其他功能，例如查看交易历史、设置交易手续费、创建多重签名地址等。可以在菜单中探索这些选项。Bitcoin Core 钱包转账界面如图 1-3 所示。

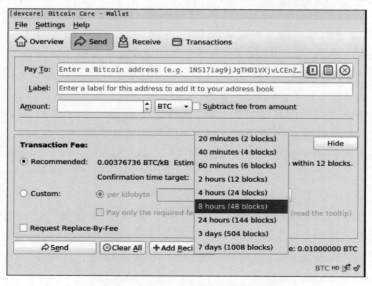

图 1-3 Bitcoin Core 钱包转账界面

（2）Electrum 钱包：轻钱包，包括计算机版、手机 App 版，仅支持 BTC。它允许存储、发送和接收比特币。这款钱包因其简单而受到欢迎，尤其适合初学者，如图 1-4 所示。

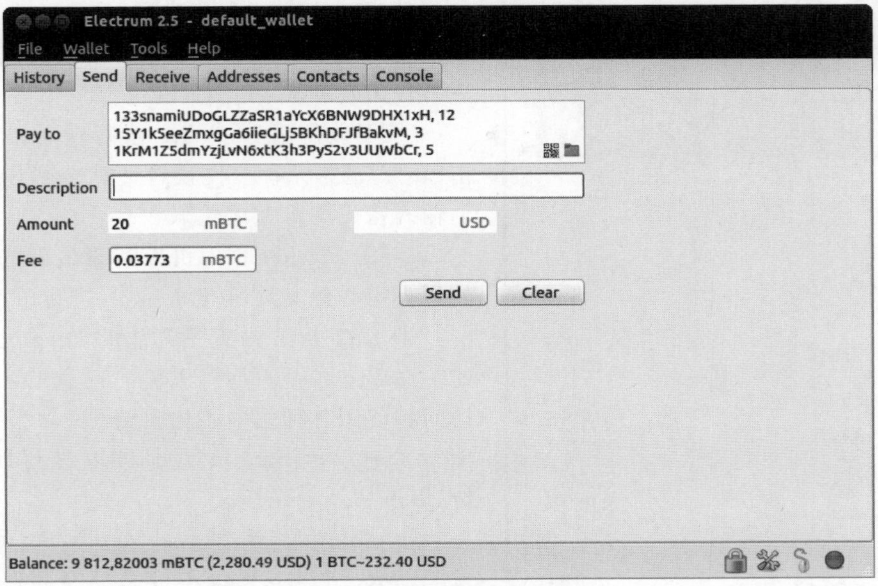

图 1-4　Electrum 钱包界面

　　Electrum 钱包是一款轻量级工具，不会占用过多的设备存储空间。这使它适合存储容量有限的用户，或者那些喜欢运行不需要大量资源的钱包的用户。

　　Electrum 提供了强大的安全措施来保护持有的比特币。它采用分层确定性（HD）系统，这意味着一个种子短语可以生成无限数量的私钥。这一功能简化了备份和恢复，使用户更容易保护自己的资金。

　　尽管保持简单，Electrum 内置了一些有用的功能，例如双因素身份验证和多重签名地址。

　　Electrum 钱包的使用方法如下：

　　访问 Electrum 网站，下载适用于 Windows、macOS 或 Linux 的钱包。下载后，单击"安装"按钮，安装向导将弹出。选择想要的钱包类型，例如标准钱包或带有额外安全功能的钱包。决定是创建新的种子短语还是使用现有的钱包进行恢复。如果有硬件钱包，则可以使用它来设置钱包。如果创建新的种子短语，则将获得一个 12 个单词的恢复种子短语。将其写在纸上，并在下一个窗口中确认。通过创建密码来保护钱包。完成后，Electrum 钱包就设置好了，可以开始使用了。

　　（3）ImToken 钱包：ImToken 是一款安全放心、简单易用的数字钱包，受到超过千万用户的信赖。它支持多种主流区块链，包括以太坊、比特币、波场、Arbitrum、BSC 等，让我们可以方便地管理不同网络的代币，如图 1-5 所示。

　　网上有很多假 ImToken 钱包，有很多用户下载假钱包后被盗币，所以一定要去官方网站下载。

ImToken 钱包使用方法：

① 在 ImToken 中可以管理多链代币。单击左上角的账户选择按钮，切换至不同账户，方便进行代币管理。

② 可以使用 ImToken 进行转账和收款。单击"转账"按钮，输入收款地址和金额，确认信息后输入密码即可完成转账。

③ 在 Market 页面可以查看最新的行情，并使用去中心化交易所 Tokenlon 进行币币兑换。

④ ImToken 内置了开放的 DApp 浏览器功能。在 Browser 页面可以输入任意 DApp 网址，访问和使用各种去中心化应用。

⑤ 在 My Profile 页面可以进行助记词备份、语言切换等操作。

（4）MetaMask 钱包：MetaMask 是一款流行的区块链钱包，支持多种浏览器和操作系统。它是一个自托管的钱包，让我们可以轻松地访问区块链应用程序，MetaMask 是一款自托管的钱包，你完全掌握自己的私钥和资产，它支持以太坊及其他一些区块链网络，让你管理不同网络上的代币。可以通过 MetaMask 与 DApp 进行交互，例如参与 DeFi、购买 NFT 等。MetaMask 提供了浏览器插件版和移动应用 iOS/安卓版，方

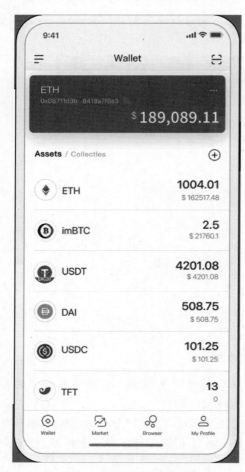

图 1-5　ImToken 钱包界面

便在不同设备上使用。这里演示一下 MetaMask 浏览器插件钱包的基本使用方法。

① 安装：无须下载，在谷歌浏览器里添加 MetaMask 的扩展程序即可实现安装，钱包界面如图 1-6 所示。

② 选择主网：MetaMask 默认选择的是以太坊主网，也可以通过选择网络，切换到币安链或 Linea 链。选择网络界面如图 1-7 所示。

③ 选择账户：MetaMask 支持多账户，选择账户界面如图 1-8 所示。

④ 备份：备份钱包的私钥助记词是确保账户安全性的重要步骤，如图 1-9 所示。

这里需要注意的是一定不要用截图形式将助记词保存到手机相册里，因为很多手机 App 有读取相册的权限，最好的方式是用纸笔记录下来。保存私钥助记词界面如图 1-10 所示。

⑤ 转账 ETH：ETH 手续费＝Gas 单价×消耗的 Gas 数，Gas 就是以太坊的燃料费，适当提高 Gas 费能提高转账速度。转账 ETH 界面如图 1-11 所示。

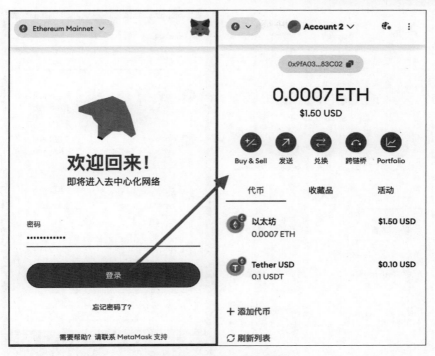

图 1-6　MetaMask 钱包界面

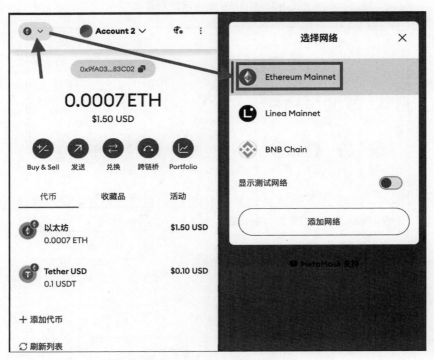

图 1-7　MetaMask 选择网络界面

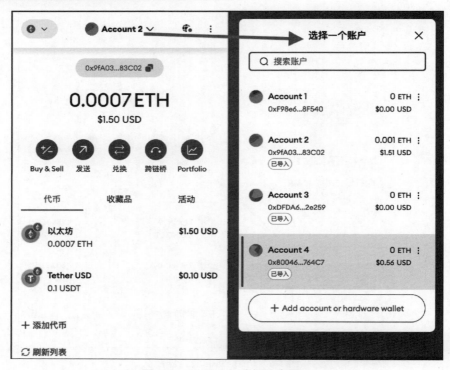

图 1-8 MetaMask 选择账户界面

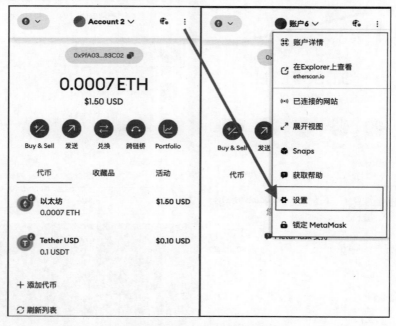

图 1-9 MetaMask 设置界面

第1章 区块链应用现状

图 1-10 保存私钥助记词界面

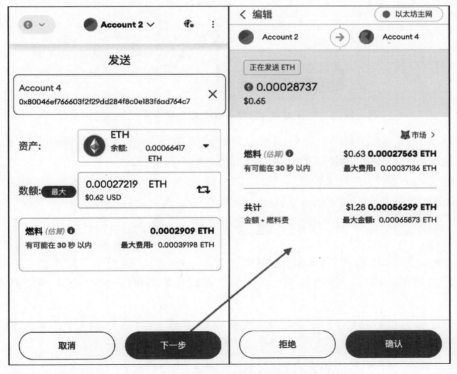

图 1-11 MetaMask 转账 ETH 界面

⑥ 转账 USDT，这里的 USDT 是以太坊上的 ERC20 代币，转 USDT 和转 ETH 一样，也需要消耗一定数量的 Gas 手续费。转账 USDT 操作界面如图 1-12 所示。

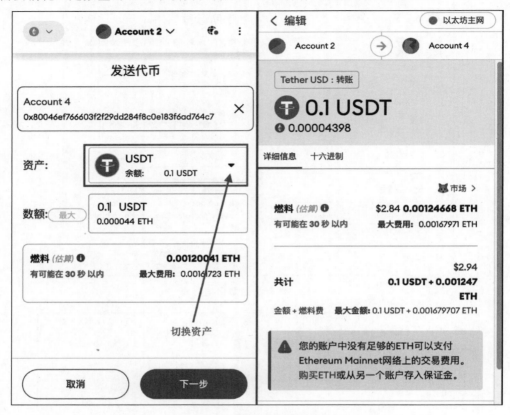

图 1-12　转账 USDT 操作界面

（5）TronLink 钱包是一款安全、专业、全面的波场钱包，TronLink 是一款自托管的钱包，你完全掌握自己的私钥和资产。它支持 TRON 网络及其他一些 EVM（以太坊虚拟机）网络，让你管理不同网络上的代币。通过 TronLink 与去中心化应用程序（DApp）进行交互，TronLink 提供了安全的 DApp 浏览器，支持在浏览器中运行 DApp。

由于 USDT 在波场链上的手续费比以太坊链和 BSC 链都低，所以使用 TronLink 的用户非常多。

① 安装：无须下载，在谷歌浏览器里添加 TronLink 的扩展程序即可实现安装，单击右上角的"设置"按钮，然后选择语言为"中文"，这样就能将界面切换为中文，界面如图 1-13 所示。

② 备份私钥：不要使用拍照截图，最安全的方式是用纸笔记录，备份私钥界面如图 1-14 所示。

③ 备份助记词：不要用拍照方式，尽量用纸笔记录，备份助记词界面如图 1-15 所示。

第1章　区块链应用现状　21

图 1-13　TronLink 钱包选择中文界面

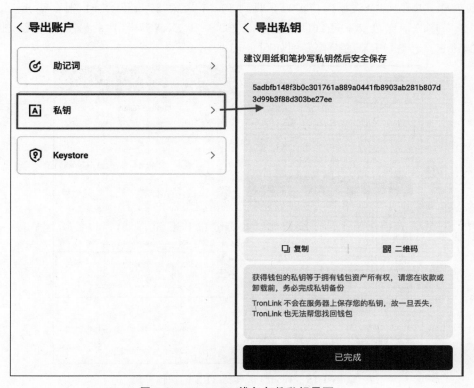

图 1-14　TronLink 钱包备份私钥界面

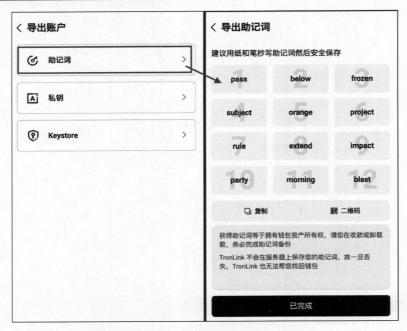

图 1-15　TronLink 钱包备份助记词界面

④ 转账 TRX：每个波场账户每天会收到 600 个带宽，转账 TRX 时，需要消耗 269 个带宽。如果账户的带宽数量不足 269，则扣除 0.269 个 TRX，获得带宽的另一方式是质押一定数量的 TRX。转账 TRX 的操作界面如图 1-16 所示。

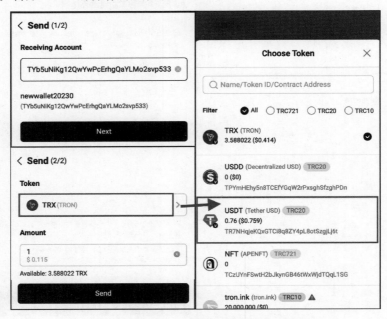

图 1-16　TronLink 转账 TRX 的操作界面

⑤ 转账 USDT：转账 USDT 时需要同时消耗带宽和能量，如果能量不足，则燃烧账户中的 TRX 来抵扣，获取能量的方式是质押一定数量的 TRX，见表 1-1。

表 1-1 转账 USDT 消耗的带宽和能量

接收方是否有 USDT	消耗的带宽	消耗的能量	折算成 TRX 数量
有	345	31 895	13.3959
无	345	64 895	27.2559

转账 USDT 操作方式和转账 TRX 的区别是 Token 选择 USDT。转账 USDT 操作界面如图 1-17 所示。

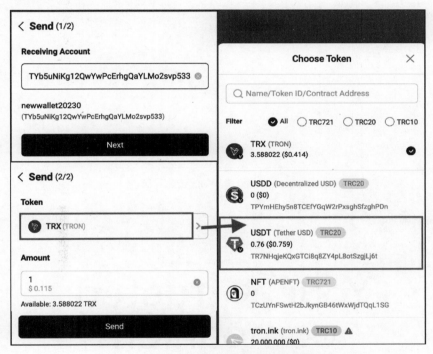

图 1-17 TronLink 钱包转账 USDT 操作界面

（6）欧易 Web3 钱包：欧易 Web3 钱包是一款非托管、去中心化的多链钱包，专为数字资产管理而设计。欧易 Web3 钱包不依赖于中央机构，用户完全掌握自己的私钥和资产。这种去中心化的设计使其更加安全可靠。欧易 Web3 钱包支持众多区块链网络，包括 OKTC、Ethereum、Polygon、Fantom、BSC、HECO 等。可以管理不同网络上的代币和资产。内置的 DEX 允许在不同网络之间快速进行资产兑换，寻找最优价格。欧易 Web3 钱包界面如图 1-18 所示。

（7）Solana 钱包：Phantom Wallet 是浏览器插件钱包，Phantom 钱包官网下载界面如图 1-19 所示。

添加到谷歌浏览器扩展中后，开始创建钱包，设置钱包的密码及 12 个单词组成的助记

图 1-18 欧易 Web3 钱包界面

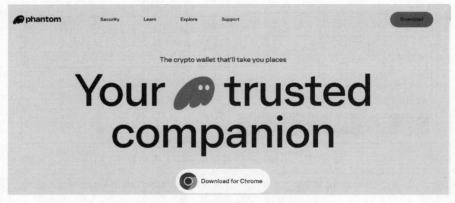

图 1-19 Phantom 钱包官网下载界面

词,完成后的界面如图 1-20 所示。

1.4.2 主流区块链浏览器

本节介绍比特币、以太坊、币安链、Solana、波场链这几个主流区块链浏览器。

区块链浏览器的主要功能有查询区块信息、地址余额、交易记录、交易哈希、合约代码等区块信息,当交易完成时,无论是手机钱包 App 还是浏览器插件钱包都会返回一个交易哈

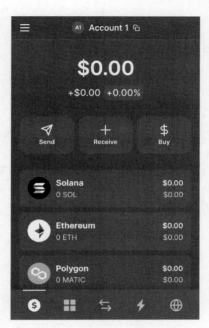

图 1-20　Phantom 钱包界面

希（Hash），相当于订单号，用这个交易哈希到区块链浏览器里可以查询交易详情。

比特币浏览器界面如图 1-21 所示。

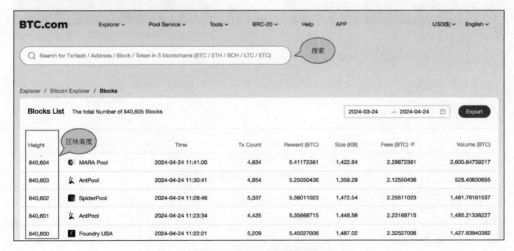

图 1-21　比特币浏览器界面

2010 年 5 月 23 日是比特币历史值得纪念的一天，有人用 1 万比特币购买两块比萨，这次交易的哈希值是 a1075db55d416d3ca199f55b6084e2115b9345e16c5cf302fc80e9d5fbf5d48d，我们用这个哈希值在比特币浏览器中查询一下交易的详情，如图 1-22 所示。

以太坊浏览器 Etherscan，界面如图 1-23 所示。

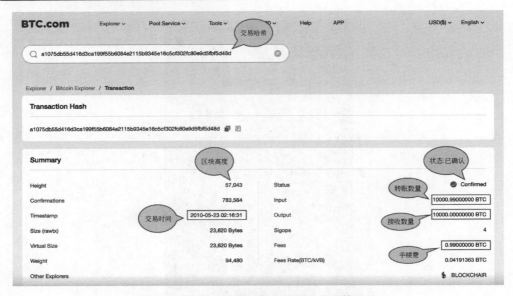

图 1-22　1 万比特币购买比萨的交易详情界面

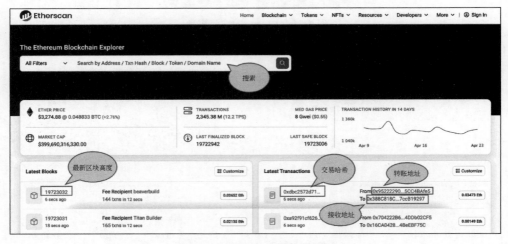

图 1-23　Etherscan 浏览器界面

输入交易哈希,在 Etherscan 界面查询交易详情,如图 1-24 所示。

查询代币(Token)信息,因为人人都能在以太坊发行自己的代币,并且代币的名称和图标也可以随意使用,因此以太坊里有很多叫 USDT 的代币,新手很容易上当,买到假的 USDT。

泰达公司发行的 USDT 合约地址是 0xdAC17F958D2ee523a2206206994597C13D831ec7,交易时一定要看清合约地址,下面用这个合约地址在 Etherscan 中查询一下,如图 1-25 所示。

单击 Contract 按钮,查询合约源代码,合约是使用 Solidity 语言编写的,如图 1-26 所示。

第1章　区块链应用现状

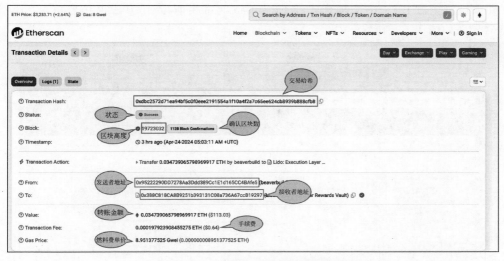

图 1-24　用 Etherscan 查询交易详情界面

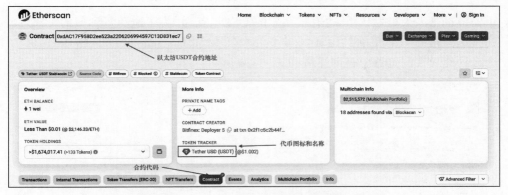

图 1-25　用 Etherscan 查询 USDT 代币界面

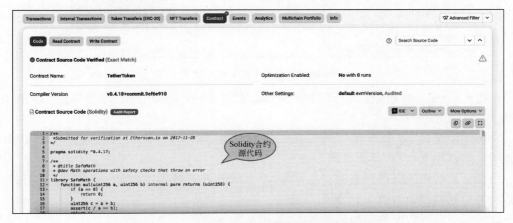

图 1-26　用 Etherscan 查询 USDT 合约代码界面

币安链浏览器 BscScan 布局样式和 Etherscan 非常相似，操作方法也几乎一样。BscScan 浏览器界面如图 1-27 所示。

图 1-27　BscScan 浏览器界面

币安链也是人人可发代币，也有很多假的 USDT 代币，为了避免买到假的 USDT，一定要记住泰达公司的 USDT 合约地址 0x55d398326f99059fF775485246999027B3197955，下面用这个合约地址在浏览器中查询详情，如图 1-28 所示。

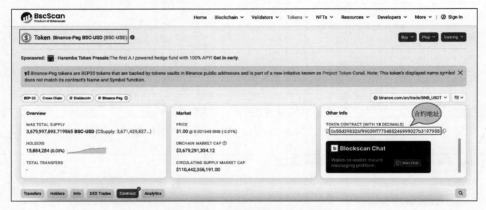

图 1-28　查询 USDT 代币界面

单击 Contract 按钮，查询合约源代码，合约是使用 Solidity 语言编写的，如图 1-29 所示。

Solana 浏览器 SolScan 是一种 Solana 官方浏览器的替代品，因为功能更强大，因此比官方的浏览器更受欢迎，界面如图 1-30 所示。

用交易签名在浏览器里查询交易详情，界面如图 1-31 所示。

波场浏览器界面如图 1-32 所示。

波场浏览器查询交易详情信息界面，如图 1-33 所示。

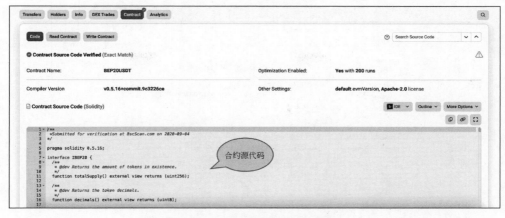

图 1-29　查询 USDT 合约代码界面

图 1-30　SolScan 浏览器界面

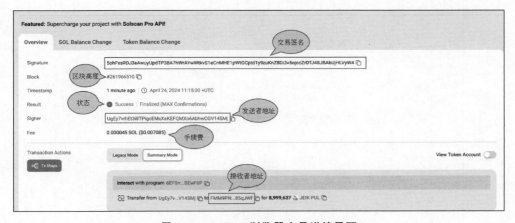

图 1-31　SolScan 浏览器交易详情界面

图 1-32 波场浏览器界面

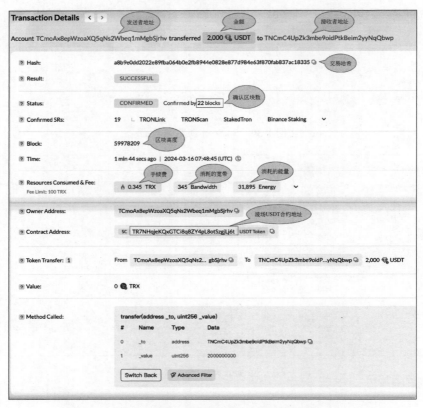

图 1-33 波场浏览器交易详情信息界面

波场 USDT 合约地址是 TR7NHqjeKQxGTCi8q8ZY4pL8otSzgjLj6t，在浏览器中查询 USDT 合约代币界面，如图 1-34 所示。

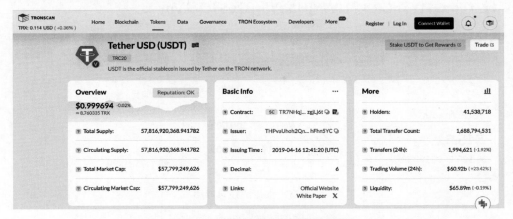

图 1-34　波场 USDT 合约代币界面

在波场浏览器中查询多签钱包地址，多签钱包地址是指交易时需要多个地址签名才能实现交易的钱包地址，多签钱包地址的用途是为了多人控制一个钱包地址，正常界面如图 1-35 所示。

图 1-35　正常多签钱包界面

钱包权限页面中的 Threshold 是权重阈值，当多个控制地址权重之和大于或等于此阈值时，才能转账。图中的权重阈值是 2，两个控制地址的权重分别是 1，它们的和正好是 2，所以要实现转账，必须两个地址签名才行。

下面是一个被盗的钱包地址，从波场浏览器中能看到这个地址的异常之处，该地址的权限已经属于另外一个地址，如图 1-36 所示。

从波场浏览器的权限页面可知该地址的权限已经属于另外一个地址，权限阈值是 1，控制地址的权重是 1，正好等于权重阈值，所以能直接转走钱包里的币，如图 1-37 所示。

钱包安全性注意事项：

（1）从官方网站下载钱包，大部分钱包被盗是由于下载了假钱包导致的。

（2）定期更新，始终及时更新钱包程序，以防止已知漏洞和提高整体安全性。

图 1-36　被盗的钱包界面

图 1-37　被盗的钱包权限界面

（3）创建一个强密码，并妥善保存你的种子短语。不要将种子短语存储在互联网上或与他人共享。

（4）警惕钓鱼攻击，始终仔细检查网站的 SSL 证书，以防止钓鱼攻击。当连接 DApp 应用时，涉及钱包授权操作一定要谨慎。

第 2 章

CHAPTER 2

加密货币交易所介绍

2.1 加密货币交易所简述

加密货币交易所分为中心化交易所（Centralized Exchange，CEX）和去中心化交易所（Decentralized Exchange，DEX）两类。

2.1.1 什么是中心化交易所

中心化交易所是由商业公司运营的一种交易平台。在这种平台上，用户将他们的加密货币存入交易所提供的钱包中，然后发送交易指令。这些交易指令会被记录在订单簿上，交易所会根据订单簿进行撮合交易，所有的交易记录都会保存在交易所的服务器上。交易所受到严格监管，用户使用交易所进行交易前需要身份认证，也就是我们常说的 KYC（Know Your Customer）。

中心化交易所的主要功能是为用户提供各种交易产品，包括现货交易、U 本位合约、币本位合约及期权等。

中心化交易所的优点主要包括受到监管，保证了交易的合法性；技术成熟，保证了交易的稳定性；用户数量众多，保证了交易的活跃性；流动性大，保证了交易的顺畅性；交易速度快，保证了交易的效率；手续费低，降低了交易的成本。

然而，中心化交易所也存在一些缺点：首先，交易过程的透明度不够，用户无法了解交易的全部细节；其次，用户的资产需要存放在交易所，存在一定的风险，因为一旦交易所出现问题，用户的资产可能会受到损失。

目前，市场上用户较多的中心化交易所包括币安、欧易、Coinbase、Bitget、火币、MEXC 等。在接下来的内容中，我们将重点讲解币安和欧易的基本操作和 API 使用方法，帮助读者更好地理解和使用这两个平台。

2.1.2 什么是去中心化交易所

去中心化交易所是一种基于区块链技术的交易平台，它允许用户直接进行交易，无须通过任何第三方服务商,也无须进行 KYC 认证。所有的交易都是通过智能合约来匹配买卖双方的订单的。

DEX 采用了一种名为自动做市商(AMM)的协议,该协议通过数学公式来对资产进行定价,而不是使用传统交易平台的订单簿。简单来讲,提供流动性的用户会将两种资产按照一定的比例存入一个资产池(实际上是一个智能合约),然后其他的交易者可以直接与池中的资产进行交易。资产池会根据资产的供需比例,使用一种算法自动确定资产的价格,这就是 AMM 的工作原理。

在 UniSwap 中,每个代币对都有自己的流动性池,例如可能有一个 ETH/DAI 池。用户可以通过存入等值的每种基础代币来增加这些池的流动性。作为回报,用户会收到流动性代币,这代表了他们在资金池中的份额。

当交易执行时,代币的价格由池中两种代币数量的比率决定。例如,如果有人想使用 ETH 购买 DAI,则他们会将 ETH 添加到池中并取出 DAI。这会增加池中 ETH 的数量并减少 DAI 的数量,从而提高以 ETH 计价的 DAI 的价格。

AMM 算法确保池中两种代币数量的乘积保持恒定,这被称为恒定乘积公式。这个公式是 $xy=k$,其中 x 和 y 是池中两种代币的数量,k 是一个常数。这种机制允许市场决定代币的价格,同时也提供了流动性。

然而,需要注意的是,如果池中代币的价格与更广泛市场的价格存在显著差异,则这种模型可能会导致流动性提供者遭受"无常损失"。这是流动性提供者在参与这些池子时需要考虑的风险。

去中心化交易所的优点包括规则公开透明、交易自由、无须 KYC,其缺点则包括流动性较低、手续费较高、滑点高、价格波动大、交易确认时间长、存在智能合约漏洞风险、无法兑换法币等。

目前,用户较多的 DEX 交易平台包括基于以太坊链的 UniSwap、基于币安智能链的 PancakeSwap(薄饼)、基于 Solana 的 Jupiter 及基于波场链的 SunSwap。

以太坊的 UniSwap 界面如图 2-1 所示。

图 2-1　UniSwap 界面

所有的去中心化交易所界面，第 1 步都需要连接你的浏览器钱包，并要求授权，这里存在一定的风险，尤其是小平台，在获得授权后完全可以把钱包里的币都转走，所以尽量选择大平台，另外可以在浏览器钱包里新增 1 个专门用于去中心化交易的钱包，里面放少量金额。交易前，一定要先查一下要兑换的代币合约是否有风险，有的合约就是专门用于骗币的，普通用户只允许买入，不能卖出，只有合约创建者才能卖出，币圈把这种合约叫作"貔貅"。另外还要检查一下合约中是否有白名单、黑名单，以及是否能无限增发等。

基于 BSC 链的 PancakeSwap 界面如图 2-2 所示。

图 2-2　PancakeSwap 界面

基于 Solana 链的 Jupiter 界面如图 2-3 所示。

图 2-3　Jupiter 界面

基于波场链的 SunSwap 界面如图 2-4 所示。

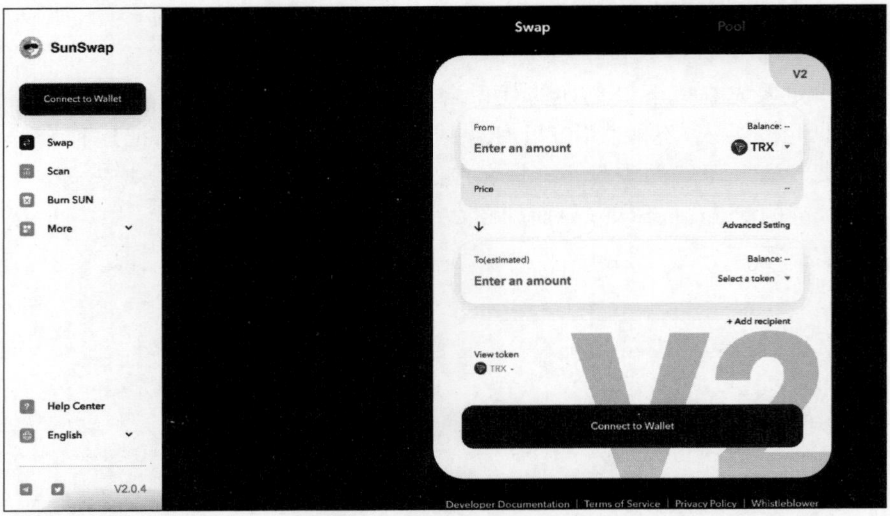

图 2-4 SunSwap 界面

什么是土狗项目？去中心化交易平台绝大多数代币是无项目白皮书、项目无实际依托、无审计无融资、合约写得随意且有漏洞、高收益伴随着高风险。这些代币项目统称为土狗项目。大部分土狗项目的生命周期只有 1～3 天，仅有极少数能走出百倍万倍行情。土狗项目大部分在币安智能链 BSC 和 Solana 链上。

2.1.3 主流中心化交易所有哪些

全球加密货币交易所数量众多，一些用户数量较多的交易所见表 2-1。

表 2-1 主流交易所

交易所	中文名	注册地	特 点
Binance	币安	马耳他	用户数量众多，支持的币种多，API 支持币种多，不支持美国用户
OKEx	欧易	马耳他	用户数量众多，支持的币种多，API 支持币种多
Coinbase		美国	美国唯一的加密货币交易所
Bitget		新加坡	用户数量众多
Huobi	火币	新加坡	用户数量众多
MEXC	抹茶	新加坡	支持的币种多，交易手续费低，API 支持币种少，不支持中国大陆用户
Upbit		韩国	仅限韩国用户，手续费较高
BitFlyer		日本	仅限日本用户，手续费较高

2.1.4 现货交易

现货交易也叫币币交易，是在交易所里买卖各种加密货币的交易方式，所有的加密货币都是以交易对形式出现的,例如 BTC/USDT,BTC 是基准币,USDT 是计价币。买入时,按当前行情价格用 USDT 买入一定数量的 BTC,卖出时则用 BTC 换回 USDT。

挂单方式:无论是买入,还是卖出,下限价单进入订单簿,被动成交就是挂单(Maker),下市价单主动与订单簿里的订单成交叫吃单(Taker)。

盈利和亏损:买入币后,币价上涨会盈利,币价下跌会导致亏损。

现货交易手续费见表 2-2。

表 2-2 现货交易手续费

交易所	挂单/吃单	手续费	折扣
币安	挂单	0.1%	持有 bnb 再享受 7.5 折
币安	吃单	0.1%	持有 bnb 再享受 7.5 折
欧易	挂单	0.08%	按用户等级给予一定折扣
欧易	吃单	0.1%	按用户等级给予一定折扣

2.1.5 合约交易

合约交易,实际上是一种期货交易形式,买卖双方约定在未来的某个时间以特定价格进行交割。如果价格上涨,则买方将获得收益;反之,如果价格下跌,则买方将遭受损失,然而,在现代的加密货币交易所中,合约交易已经取消了具体的交割时间,转变为永久持仓,这就是我们所讲的永续合约。在本书后续的内容中,我们将把永续合约简称为合约。

合约交易的特点在于,交易者无须持有实际的数字货币,而是通过预测数字货币的价格走势,选择买入(做多)或卖出(做空),从而获得价格上涨或下跌带来的收益。

合约交易前,需要把账户中的资金划拨到合约账户作为了保证金,有保证金才可以进行合约交易。全仓模式和逐仓模式:当出现亏损时,全仓模式下会从合约保证金账户的全部余额中扣除,逐仓模式下只从开仓的保证金中扣除。

合约的开仓:开启交易就是开仓,当用户预测价格上涨或下跌后,单击合约下单界面中的"做多"或"做空"按钮即可开仓。

合约的平仓:用户结束合约交易的操作就是平仓。

合约的杠杆:杠杆就是加倍工具,能够让盈利和亏损数额都乘以选择的杠杆倍数。

合约的盈利和亏损:当用户投入 100USDT 保证金并选择做多 BTCUSDT 这个交易对后,如果行情上涨了 50%,则盈利 50USDT,如果行情下跌了 50%,则亏损 50USDT。当亏损超过保证金时,平台会强制平仓,这就是爆仓。

合约分为 U 本位合约和币本位合约两种,U 本位合约是以 USDT 做保证金,盈亏都以 USDT 来结算。币本位合约是以某种数字币作保证金,盈亏用这种币来进行结算。

U 本位合约交易手续费,见表 2-3。

表 2-3　U 本位合约交易手续费

交易所	挂单/吃单	手续费	折扣
币安	挂单	0.02%	持有 bnb 再享受 9 折
币安	吃单	0.05%	持有 bnb 再享受 9 折
欧易	挂单	0.02%	按用户等级给予一定折扣
欧易	吃单	0.05%	按用户等级给予一定折扣

资金费率，交易所为了让合约价格不偏离现货价格而设置的一种奖励制度，当合约交易中多数人做多时，资金费率就是正数，反之就是负数。资金费用会随着做多做空人数的变化而变化，每 8h 计算一次，当资金费率为正数时，从做多用户的账户中按资金费率值抽取费用划拨给做空的用户；相反，当资金费率为负数时，从做空用户账户中按资金费率值抽取费用划拨给做多用户，这个操作是平台自动定时完成的。

2.1.6　期权交易

期权交易和合约交易很类似，也不持有数字币，通过判断规定时间内的涨跌来做空（Put）或做多（Call），以此来获利。不同点是，合约有爆仓风险，期权亏损只亏损购买费用，亏损是有限的，而盈利是无限的。例如，以 897.4USDT 价格购买一张 2 天后到期的看涨期权，如果比特币 2 天后价格超过 52147.4USDT，则可以赚取 852.6USDT，如果价格下跌，则只亏损购买费用 897.4USDT，如图 2-5 所示。

图 2-5　购买期权界面

2.2　加密货币交易所交易界面介绍

加密货币交易所的交易界面，主要包括行情曲线图、订单表（OrderBook）、交易对选择区、买卖下单区、委托和已成交订单列表几个模块。现货交易和合约交易界面略有不同，本节将介绍币安和欧易的交易界面。

2.2.1　币安现货交易界面

现货交易界面的顶部是交易对信息、当前价格、成交量数据。

左侧区域是订单表,订单表上部是卖出订单列表,下部是买入订单列表,按价格降序排列,每行数据包括价格、数量、金额。

中间区域是行情K线图和买卖下单区,和股票K线图不同的是,红色代表下跌,绿色代表上涨。

分时区域,可以选择行情的时间粒度,例如1min、5min、15min、1h、4h、1d等。

右侧区域是交易对选择区,可以切换不同的交易对。底部是委托订单和已成交订单列表区,如图2-6所示。

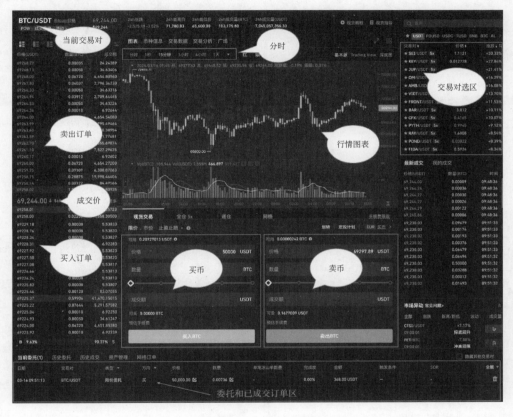

图 2-6　现货交易界面

2.2.2　币安现货交易下单界面

现货下单功能主要有买和卖两个方向,每个方向里又有限价下单和市价下单两种方式。

(1) 现货限价买单,填入价格和数量,只有达到此价格才执行,如图2-7所示。

(2) 现货市价买单,以当前市场价下单,只要填写数量即可,以当前市场价为买入价,单击"买入BTC"按钮后立即执行,如图2-8所示。

图 2-7　现货限价买单界面　　　　　图 2-8　现货市价买单界面

（3）现货限价卖单，填入价格和数量，只有达到此价格才执行，如图 2-9 所示。

（4）现货市价卖单，以当前市场价下单，只要填写数量即可，以当前市场价为卖出价，单击"卖出 BTC"按钮后立即执行，如图 2-10 所示。

图 2-9　现货限价卖单界面　　　　　图 2-10　现货市价卖单界面

2.2.3　币安合约交易界面

合约交易界面和现货交易界面类似，顶部有交易对信息、当前价格、成交量数据，如图 2-11 所示。

左侧区域是行情 K 线图和成交量图表。

中间区域是委托订单表，上部是卖出订单列表，下部是买入订单列表，按价格降序排列，

第2章 加密货币交易所介绍

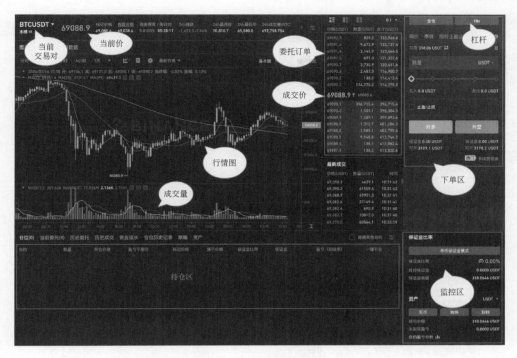

图 2-11 合约交易界面

每行数据包括价格、数量、金额。

右侧区域是开仓下单区,在这里选择全仓还是逐仓、杠杆倍数、交易方向、交易数量。

底部是委托订单和已成交订单列表区。

2.2.4 币安合约交易下单界面

合约下单界面的操作有开仓和平仓,开仓方向有做多和做空,每个方向里有限价下单、市价下单、限价止盈止损下单3种方式,这里以交易对 BTCUSDT 为例。

(1) 合约限价下单,填入触发价格和数量,单击"开多"或"开空"按钮,只有币价达到此触发价格才开仓。例如,若设置逐仓模式、2 倍杠杆、币价达到 65000USDT 时开多单,单击"开多"按钮后并不会马上开仓,只是生成了一个委托订单,需要币价到达 65000USDT 时才能开仓,如图 2-12 所示。

(2) 合约市价下单,以当前市场价下单,只要填写数量即可,单击"开多"或"开空"按钮后立即开仓,如图 2-13

图 2-12 合约限价下单界面

所示。

（3）合约限价止盈止损下单，填入触发价格、数量、止盈价格、止损价格，单击"开多"或"开空"按钮，生成一个委托订单，只有币价达到此触发价格才开仓，开仓后价格到达止盈或止损价格会自动平仓，如图 2-14 所示。

图 2-13 合约市价下单界面

图 2-14 合约限价止盈止损界面

合约限价止盈止损规则见表 2-4。

表 2-4 合约限价止盈止损规则

开/平仓	方　向	止盈/止损	触发价设置	触发场景
平仓	平多	止盈	触发价＞市价	市价≥触发价
平仓	平多	止损	触发价＜市价	市价≤触发价
平仓	平空	止盈	触发价＜市价	市价≤触发价
平仓	平空	止损	触发价＞市价	市价≥触发价
开仓	开多	追涨	触发价＞市价	市价≥触发价
开仓	开多	抓反弹	触发价＜市价	市价≤触发价
开仓	开空	追跌	触发价＜市价	市价≤触发价
开仓	开空	抓反弹	触发价＞市价	市价≥触发价

2.2.5 欧易币币交易界面

欧易币币交易相当于币安的现货交易，布局及基本功能和币安的交易界面相似，界面更加简洁,如图 2-15 所示。

图 2-15 欧易币币交易界面

2.2.6 欧易 U 本位合约交易界面

欧易 U 本位合约交易界面如图 2-16 所示。

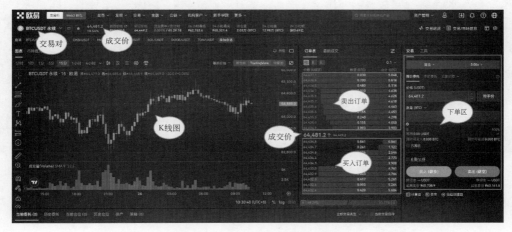

图 2-16 欧易 U 本位合约交易界面

2.2.7 欧易合约交易下单界面

合约下单界面的操作有开仓和平仓,开仓方向有做多和做空,每个方向里有限价下单、市价下单、止盈止损下单 3 种方式,这里以交易对 BTCUSDT 为例。

(1) 合约限价下单,填入触发价格和数量,单击"买入(做多)"或"卖出(做空)"按钮,只有币价达到此触发价格时才开仓。例如,若设置逐仓模式、3 倍杠杆、币价达到 64395.6USDT 时开多单,单击"买入(做多)"按钮后并不会马上开仓,只是生成了一个委托订单,需要币价达到64395.6USDT时才能开仓，如图2-17所示。

（2）合约市价下单，以当前市场价下单，只要填写数量即可，单击"买入（做多）"或"卖出（做空）"按钮后立即开仓，如图2-18所示。

（3）合约止盈止损下单，填入触发价格、数量、止盈价格、止损价格，单击"买入（做多）"或"卖出（做空）"按钮，生成一个委托订单，只有币价达到此触发价格时才开仓，开仓后价格到达止盈或止损价格时自动平仓，如图2-19所示。

图2-17　欧易合约限价下单界面　　图2-18　欧易合约市价下单界面　　图2-19　欧易合约止盈止损下单界面

2.3　交易所API设置

2.1节和2.2节介绍了在交易所的交易页面中，下买入单、下卖出单，以及开仓、平仓的基本方法都是手动操作的，如果想用Python程序自动操作，则需要开通API权限，创建API Key，并完成邮箱验证和谷歌身份验证器的验证。交易所的下单、查询订单、取消订单、查询账户等私有API，还需要绑定IP地址才可使用，普通家庭宽带使用的是动态IP，IP地址是经常变化的，所以需要申请一个有独立IP地址的云主机，云主机的配置及使用将在第5章介绍，本节介绍币安API和欧易API的设置界面。

2.3.1　币安 API 设置界面

申请币安的 API Key，加密方式选择 HMAC 对称加密，设置一个标签，例如 MyAPIKey，然后进行邮箱验证和谷歌身份验证器验证，验证成功后，勾选"允许现货及杠杆交易"和"允许合约"选项，编辑启用交易对白名单，加入需要的交易对，币安 API 最多允许添加 30 个交易对，白名单以外的交易对无法用 API 进行交易，最后填写绑定的 IP 地址，也就是之前申请的云主机的 IP 地址，如图 2-20 所示。

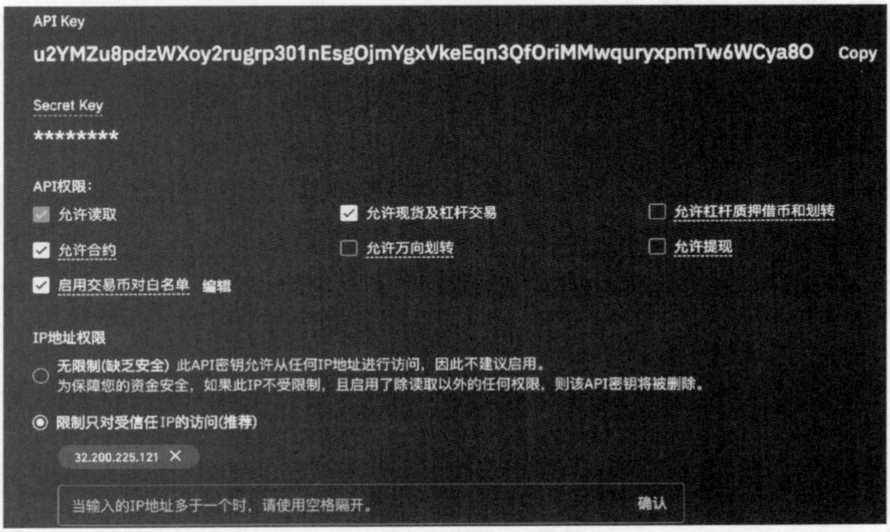

图 2-20　申请币安 API Key 界面

为了避免在后面测试交易程序时耗费真金白银，可以注册币安的现货测试网和合约测试网的 API Key，使用测试网交易是完全免费的。

现货测试网通过 GitHub 登录，如图 2-21 所示。

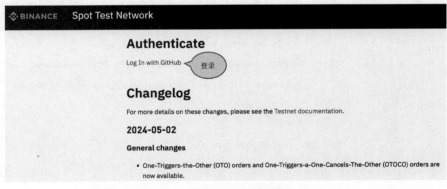

图 2-21　币安现货测试网界面（一）

然后单击 Generate HMAC-SHA-256 Key 链接，如图 2-22 所示。

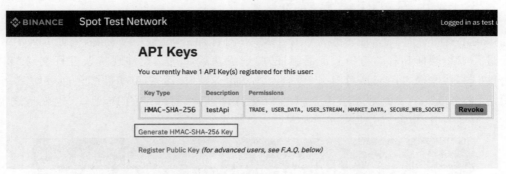

图 2-22　币安现货测试网界面（二）

输入测试 API Key 的名称，然后单击 Generate 按钮创建 API Key，如图 2-23 所示。

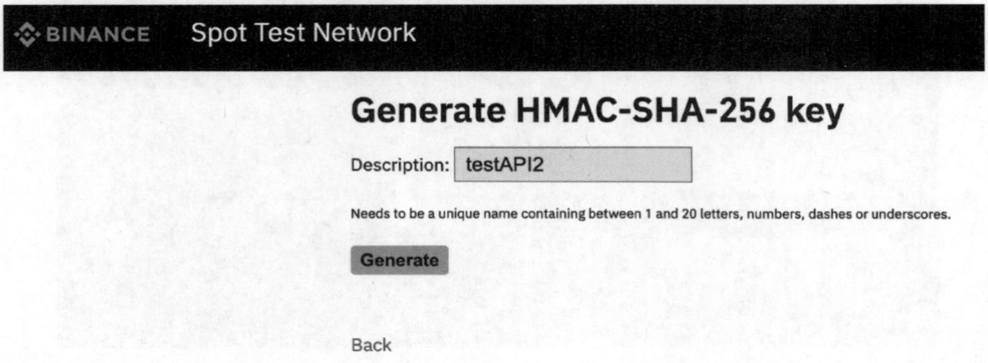

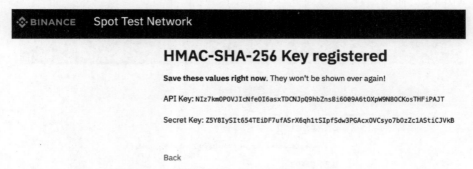

图 2-23　设置币安测试网 API Key 名称界面

API Key 创建成功后，记下 API Key 和 Secret Key，如图 2-24 所示。

图 2-24　币安测试网 API Key 创建成功界面

创建合约测试网的 API Key，进入合约测试网，单击 Log In 按钮登录，如图 2-25 所示。

进入合约测试网页面，单击下面的 API Key 链接，生成合约测试网的 API Key 和 API Secret，如图 2-26 所示。

第2章 加密货币交易所介绍

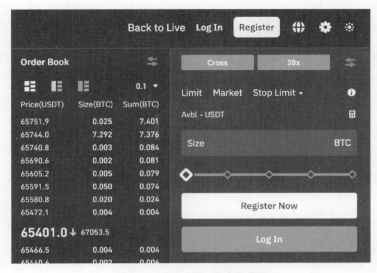

图 2-25　登录币安测试网界面

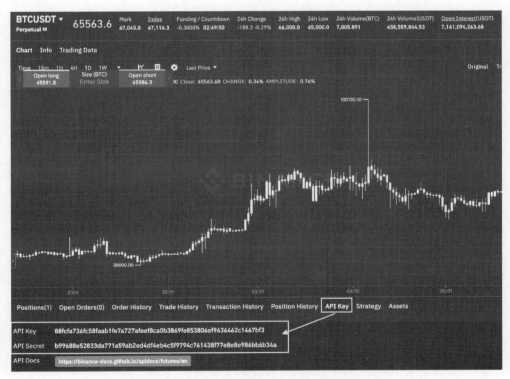

图 2-26　生成合约测试网 API Key 界面

2.3.2 欧易 API 设置界面

申请欧易的 API Key，需要填写备注名、密码，并绑定 IP 地址，勾选"交易"选项，如图 2-27 所示。

图 2-27 欧易申请 API Key 界面

欧易也有模拟盘，在模拟盘上测试交易代码也是免费的，模拟盘账号和实盘账号是互通的，注册模拟盘 API Key 的步骤如下：

登录欧易账户，选择"交易"→"模拟交易"→"个人中心"→"创建模拟盘 API Key"→"开始模拟交易"。

第 3 章
CHAPTER 3

交易所 API 介绍

3.1　API 功能简述

API 是 Application Programming Interface 的缩写,中文名称为应用程序编程接口。交易所一般会提供平台基本信息、市场行情、用户的账户信息、现货下单、合约下单等功能的 API,有了这些 API 就可以编写代码,用程序执行策略,实现自动化交易。

API 连接方式有普通 HTTP 请求和 WebSocket 两种。WebSocket 是在 HTTP 的基础上升级的一种新的协议(Protocol),它实现了全双工通信,一般用来获取行情数据,比普通 HTTP 方式速度更快,延迟更低,连接开销更小。

API 按权限分为两大类：公共 API 和私有 API。公共 API 包括交易所相关信息、费率信息、行情数据等,私有 API 包括用户钱包信息、订单信息、下单操作等功能。私有 API 访问需要带上 API Key 和 Secret Key,同时要求程序运行的云服务器 IP 地址是受信任的(参考第 2 章 API 设置界面)。

API 按功能可分为现货、杠杆、U 本位合约、币本位合约、期权等几类,本书只介绍现货和 U 本位合约中的账户查询、行情数据、交易等最基本的几个 API,读者完全掌握后,可以去交易所官网查看 API 文档,了解更多的功能。

编写交易策略程序,可以使用交易所官方提供的软件开发套件(Software Development Kit,SDK),币安官方 SDK 支持的编程语言有 Python、Node.js、Java、PHP、Go、C♯。欧易没有官方的 SDK,只推荐了两个第三方的 SDK,这两个第三方的 SDK 支持编程语言 Python、Java 等主流编程语言。本书将教大家使用 Python 语言编写交易程序,即使没学过 Python 也不必担心,第 4 章将带大家掌握 Python 基础语法知识。

3.2　币安 API

使用币安 API 前要先注册 API Key 和 Secret Key。

安装币安 Python SDK,在命令行下输入的指令如下:

```
pip install binance-connector
```

本节将用这个 SDK 编写代码来演示 API 的使用方法。

以 /api/* 网址开头的 HTTP 接口（行情接口和交易接口）访问频率限制：每分钟 6000 次。

以 /sapi/* 网址开头的 HTTP 接口（钱包和合约相关接口）访问频率限制：每分钟 180 000 次。

WebSocket 接口访问频率限制：每 IP 地址每分钟最多可以发送 60 次连接请求。

币安的现货 API 与合约 API 是两个不同的模块，下面将分别介绍它们的使用方法。

3.2.1 币安现货 API

币安的现货 API 需要在程序的开头导入 SDK 的 Spot 包，代码如下：

```
# 导入现货模块
from binance.spot import Spot
```

3.2.2 查询现货钱包余额 API

第 1 步，创建现货的客户端对象 client，输入 apikey 和 secret 参数，为 base_url 参数设置一个默认值 https://api1.binance.com/，这是币安 API 的一个基础网址，代码如下：

```
# 现货账户
# apikey
key = "你的 API Key"
# 密钥
secret = "你的 Secret"
# 现货账户
client = Spot(key, secret, base_url = "https://api1.binance.com/")
```

第 2 步，调用 SDK 现货模块中的 user_asset 方法获取账户余额，recvWindow 参数是时间空窗值，单位是毫秒，用来判断请求的最小延迟，如果延迟超过此值，则会被交易所认为无效，代码如下：

```
response = client.user_asset(asset = "USDT", recvWindow = 5000)
print(response)
```

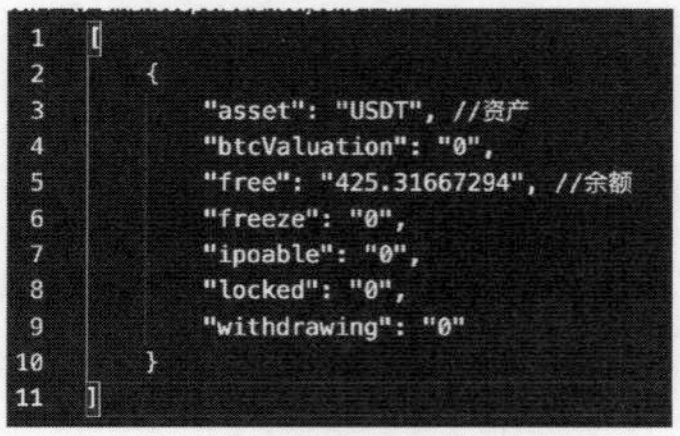

从币安交易所的 API 返回账户余额信息是一个数组包裹的字典数据，数组中只有一个元素，可以用 response[0] 方法获取第 1 个元素，第 1 个元素中的资产名称用 response[0]["asset"] 方法获取，第 1 个元素中的余额用 response[0]["free"] 方法获取，如图 3-1 所示。

图 3-1 币安账户返回结果

查询用户的交易所账户余额的完整代码如下：

```
# 文件名:binanceSpotBalance.py
from binance.spot import Spot

# 账户余额
def getBalance(symbol):
    key = "你的 key"
    secret = "你的 secret"
    print(key, secret)
    # 现货账户
    client = Spot(key, secret, base_url = "https://api1.binance.com/")
    response = client.user_asset(asset = symbol, recvWindow = 5000)
    # 返回的结果集是列表数据
    if len(response) > 0:
        return response[0]["free"]
    return 0

# 主函数
def main():
    SpotBalance = getBalance("USDT")
    print("现货账户 USDT 的余额是", SpotBalance)

if __name__ == "__main__":
    main()

# 运行结果:现货账户 USDT 的余额是 425.31667294
```

3.2.3 现货深度信息 API

交易所深度信息,也称为市场深度或交易深度,深度信息就是交易页面中订单簿里的数据,展示了买方和卖方愿意以不同价格进行交易的数量,币安的深度 API 最多可以返回 5000 条数据,通过观察深度数据,交易者可以了解市场的供需情况,判断价格的走势、潜在的支撑和阻力水平。深度信息参数见表 3-1。

表 3-1 深度信息参数

参数名称	类型	是否是必需的	描述
symbol	String	是	交易对名称,例如 BTCUSDT
limit	Int	否	默认值为 100,最大值为 5000,可选值为[5,10,20,50,100,500,1000,5000]

查询深度信息,需要调用 SDK 现货模块中的 depth 方法,代码如下:

```
Symbol = "BTCUSDT" # 交易对
Limit = 2          # 数量
arr = client.depth(symbol,limit)
print(arr)
```

运行后返回的结果是字典数据(如果不明白字典数据的含义,则可以参考第 4 章内容),

bids 是买入价数组的键值名称,数组内容的每个元素包含两个子元素,第 1 个数值是买入价格,第 2 个数值是挂单数量,按价格从高到低的顺序排列,价格高的在数组的最前面。asks 是卖出价数组的键值,数组内容的每个元素也包含两个子元素,第 1 个数值是卖出价格,第 2 个数值是挂单数量,按价格从低到高的顺序排列,价格最低的在数组的最前面。第 1 个买入价是 arr["bids"][0][0],最后一个卖出价是 arr["asks"][-1][0],如图 3-2 所示。

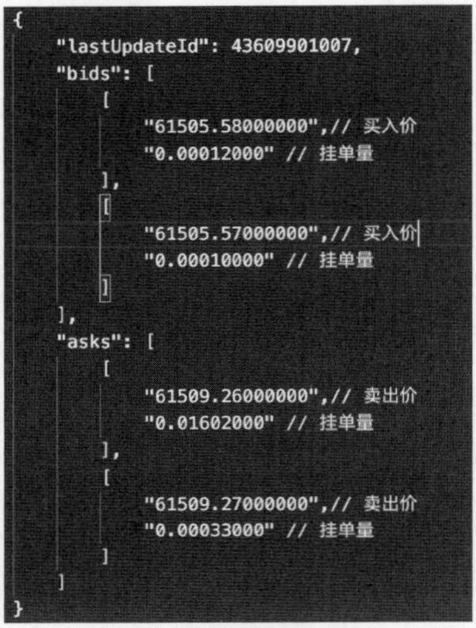

```
{
    "lastUpdateId": 43609901007,
    "bids": [
        [
            "61505.58000000",// 买入价
            "0.00012000" // 挂单量
        ],
        [
            "61505.57000000",// 买入价
            "0.00010000" // 挂单量
        ],
    ],
    "asks": [
        [
            "61509.26000000",// 卖出价
            "0.01602000" // 挂单量
        ],
        [
            "61509.27000000",// 卖出价
            "0.00033000" // 挂单量
        ]
    ]
}
```

图 3-2 返回的深度数据

查询深度信息的完整代码如下:

```python
# 文件名:binanceSpotDepth.py
# 导入现货模块
from binance.spot import Spot

# 现货账户
client = Spot()

# 深度信息函数
def getDepth(symbol,limit):
    arr = client.depth(symbol, limit)

    print("买入价", arr["bids"][0][0])      # 取第 1 个买入价
    print("卖出价", arr["asks"][-1][0])     # 取最后一个卖出价

# 主函数
if __name__ == "__main__":
    # 调用深度信息的函数,传入交易对和数量
    getDepth("BTCUSDT",2)

# 运行结果如下
# 买入价 61505.58
# 卖出价 61509.26
```

3.2.4 现货有限深度信息 WebSocket API

有限深度信息的 WebSocket 方式的接口效率更高,以每秒或者每 100ms 推送数据,延迟更低,HTTP 方式每次都要和交易所建立连接,而 WebSocket 只需建立一次长连接,就能不断地接收交易所的推送数据,所以连接开销更小。其参数与 HTTP 接口参数名称略有不同,见表 3-2。

表 3-2 有限深度信息参数

参数名称	类型	是否是必需的	描述
symbol	String	是	交易对名称,例如 BTCUSDT
level	Int	否	默认值为 100,最大值为 5000,可选值为[5,10,20,50,100,500,1000,5000]
speed	Int	是	接收数据频率,单位为毫秒

查询有限深度信息,需要加载 SDK 现货模块的 websocket_stream 包和 json 包,使用 SpotWebsocketStreamClient 方法创建一个客户端变量,并指定一个名称为 message_handler 的函数接收推送数据,然后使用 partial_book_depth 方法发出请求,得到的推送数据是 JSON 格式,还需要导入 json 包进行解析,代码如下:

```
#文件名:binanceSpotWsDepth.py
From binance.websocket.spot.websocket_stream
import SpotWebsocketStreamClient
import json
```

创建客户端变量 client,并指定接收推送数据的函数名 message_handler,代码如下:

```
client = SpotWebsocketStreamClient(on_message = message_handler)
```

然后使用 partial_book_depth 方法发出请求,代码如下:

```
#发送请求,参数:交易对 = btcusdt,数量 = 5,频率 = 1000ms
client.partial_book_depth(symbol = "btcusdt", level = 5, speed = 1000)
```

定义一个 message_handler 函数,用于接收推送数据,代码如下:

```
#接收推送数据
def message_handler(_, msg):
    data = json.loads(msg)   #将收到的 JSON 格式数据转换为字典格式数据
    print(data)
```

查询有限深度信息的完整代码如下:

```
#文件名:binanceSpotWsDepth.py
From binance.websocket.spot.websocket_stream
import SpotWebsocketStreamClient
import json
```

```
# 接收深度推送数据
def message_handler(_, msg):
    # 把交易所推送过来的JSON数据转换为字典数据
    data = json.loads(msg)
    print("第 1 个买入价", data["bids"][0][0])
    print("最后 1 个卖出价", data["asks"][-1][0])

# 主函数
def main():
    client = SpotWebsocketStreamClient(on_message = message_handler)
    # 参数:交易对 = btcusdt,数量 = 5,频率 = 1000ms
    client.partial_book_depth(symbol = "btcusdt", level = 5, speed = 1000)

    # 运行结果如下
    # 买入价 61505.58
    # 卖出价 61509.26

if __name__ == "__main__":
    main()
```

3.2.5 现货 K 线数据 API

K线图是一种以图形化方式呈现给定时间范围内资产价格变化的金融图表。它由许多烛台图案组成,每个烛台图案表示一段相同的时间。烛台图案可以代表任何虚拟的时间范围,短到数秒,长到数天。K线图的历史可以追溯到 17 世纪,最早由日本米商发明,后来经过改进和优化,成为现代技术分析的重要工具之一。

K线图直接反映了资产的价格走势,帮助交易者了解市场的供需情况和价格变化。

K线图显示了多空之间的博弈,通过观察不同形态的烛台图案,交易者可以判断市场的力量变化。

通过分析 K 线图,交易者可以预测价格的趋势,制定合适的交易策略。

查询 K 线数据需要使用 SDK 现货模块中的 klines 方法,参数见表 3-3。

表 3-3 K 线数据参数

参数名称	类型	是否是必需的	描述
symbol	String	是	交易对名称,例如 BTCUSDT
interval	Enum	否	K线间隔,可选值[1s,1m,3m,5m,15m,30m,1h,2h,4h,6h,8h,12h,1d,3d,1w,1M]
limit	Int	是	接收数据数量

查询有限深度信息,需要加载 SDK 现货模块的 klines 方法,代码如下:

```
# 文件名:binanceSpotKline.py
from binance.spot import Spot
```

```
client = Spot()            #创建现货账户变量
symbol = "BTCUSDT"         #交易对
interval = "1m"            #更新频率为1min
limit = 10                 #K线数量
#获得K线数据
arr = client.klines(symbol, interval, limit = limit)
print(arr)
```

K 线数据返回的结果是二维数组数据,运行结果如图 3-3 所示。

```
[
    1709178360000,           // K线开盘时间
    "61430.29000000",        // 开盘价
    "61453.79000000",        // 最高价
    "61430.29000000",        // 最低价
    "61446.62000000",        // 收盘价(当前K线未结束的即为最新价)
    "13.36800000",           // 成交量
    1709178419999,           // K线收盘时间
    "821396.08336210",       // 成交额
    568,                     // 成交笔数
    "6.37808000",            // 主动买入成交量
    "391882.40642310",       // 主动买入成交额
    "0" // 忽略该参数
]
```

图 3-3 返回的 K 线数据

查询 K 线数据的完整代码如下:

```
#文件名:binanceSpotKline.py
from binance.spot import Spot

#现货账户
client = Spot()

def getKlines(symbol, interval, limit):
    arr = client.klines(symbol, interval, limit = limit)
    lastId = len(arr) - 1                    #最后的 K 线数据,也就是最新数据
    print("开盘价", arr[lastId][1])           #开盘价
    print("最高价", arr[lastId][2])           #最高价
    print("最低价", arr[lastId][3])           #最低价
    print("收盘价", arr[lastId][4])           #收盘价
    #运行结果
    #开盘价 61740.30
    #最高价 61740.30
    #最低价 61659.72
    #收盘价 61666.68

#主函数
def main():
    symbol = "BTCUSDT"                       #交易对
    interval = "1m"                          #更新频率为1min
    limit = 10                               #K线数量
```

```
        getKlines(symbol, interval, limit)


if __name__ == "__main__":
    main()
```

3.2.6 现货 K 线数据 WebSocket API

逐秒推送的 K 线数据需要使用 SDK 现货模块中的 websocket_stream 包中的 kline 方法，参数见表 3-4。

表 3-4 K 线数据参数

参数名称	类型	是否是必需的	描 述
symbol	String	是	交易对名称，例如 BTCUSDT
interval	Enum	否	K 线间隔，可选值为[1s,1m,3m,5m,15m,30m,1h,2h,4h,6h,8h,12h,1d,3d,1w,1M]
limit	Int	是	接收数量

查询有限深度信息，需要加载 SDK 现货模块的 kline 方法，得到的数据格式是 JSON，还需要导入 json 包，代码如下：

```
#文件名:binanceSpotKline.py
from binance.websocket.spot.websocket_stream
import SpotWebsocketStreamClient
import json

def message_handler(_, msg):
    data = json.loads(msg)
    print(data)

client = SpotWebsocketStreamClient(on_message = message_handler)
#订阅 btcusdt 最新 K 线数据,参数:交易对 = btcusdt,频率 = 1s
client.kline(symbol = "btcusdt", interval = "1m")
```

运行结果如图 3-4 所示。

查询 K 线数据的完整代码如下：

```
#文件名:binanceSpotKline.py
from binance.websocket.spot.websocket_stream
import SpotWebsocketStreamClient
import json

#接收和处理 K 线推送数据
def message_handler(_, msg):
    data = json.loads(msg)
    print("交易对", data["k"]["s"])
```

```
    print("最后 1 笔成交价", data["k"]["c"])

# 主函数
def main():
    client = SpotWebsocketStreamClient(on_message = message_handler)
    # 订阅 btcusdt 最新 K 线数据,参数:交易对 = btcusdt,频率 = 1s
    client.kline(symbol = "btcusdt", interval = "1m")
    # 运行结果
    # 交易对 BTCUSDT
    # 最后 1 笔成交价 61350.44000000

if __name__ == "__main__":
    main()
```

```
1  {
2      "e": "kline",  //事件类型
3      "E": 1709177218485,  //事件时间
4      "s": "BTCUSDT",  //交易对
5      "k": {
6          "t": 1709177160000,  //这根K线的起始时间
7          "T": 1709177219999,  //这根K线的结束时间
8          "s": "BTCUSDT",  //交易对
9          "i": "1m",  //K线间隔
10         "f": 3442584285,  //这根K线期间第一笔成交ID
11         "L": 3442585791,  // 这根K线期间末一笔成交ID
12         "o": "61305.11000000",  // 这根K线期间第一笔成交价
13         "c": "61300.11000000",  // 这根K线期间末一笔成交价
14         "h": "61314.88000000",  // 这根K线期间最高成交价
15         "l": "61280.00000000",  // 这根K线期间最低成交价
16         "v": "34.92390000",  // 这根K线期间成交量
17         "n": 1507,  // 这根K线期间成交笔数
18         "x": False,  // 这根K线是否完结(是否已经开始下一根K线)
19         "q": "2140778.01323160",  // 这根K线期间成交额
20         "V": "16.87782000",  // 主动买入的成交量
21         "Q": "1034547.98146000",  // 主动买入的成交量
22         "B": "0"  // 忽略此参数
23     }
24 }
```

图 3-4　返回的 K 线数据

3.2.7　现货下单 API

下单操作需要用真实的数字币,如果代码有误,则会损失数字币和手续费。幸运的是,币安提供了测试网,可以使用免费的测试网来测试代码。代码无误后,把测试网址换成正式的网址。

为了更好地管理正式环境和测试环境的 API Key,避免每写一个程序都以明文方式写出 API Key,新建一个 config.ini 文件来保存实盘、现货测试网、合约测试网的 API Key 和 Secret。注意:文件内容不要包含单引号和双引号,文件的内容如下:

```
# 文件名:config.ini
[keys]
apiKey = aaaaaaaa                    # 正式环境的 apiKey
```

```
apiSecret = bbbbbbbbb        # 正式环境的 apiSecret

testKey = ccccccc            # 测试环境现货 apiKey
testSecret = ddddddddd       # 测试环境现货 apiSecret

testFuturesKey = eeeeee      # 测试环境合约 apiKey
testFuturesSecret = fffff    # 测试环境合约 apiSecret
```

然后我们写一个从配置文件 config.ini 中读取 API Key 和 Secret 的函数,文件的内容如下:

```
# 文件名:env.py
import os
import pathlib
from configparser import ConfigParser

# 获取 apikey 和 secret
def getApiKey(k,s):
    config = ConfigParser()
    # 获取 config.ini 文件的路径
    config_file_path = os.path.join(
        pathlib.Path(__file__).parent.resolve(), ".", "config.ini"
    )
    # 读取 config.ini 文件内容,放入字典中
    config.read(config_file_path)
    return config["keys"][k], config["keys"][s]
```

现货下单主要有限价单和市价单两种类型,限价单是达到指定价格才执行的订单,市价单是以当前市场价格立即执行的订单,参数见表 3-5。

表 3-5 下单参数

参数名称	类型	是否是必需的	描述
symbol	String	是	交易对名称,例如 BTCUSDT
side	String	是	方向:买入(BUY)或卖出(SELL)
type	String	是	类型:限价(Limit)或市价(Market)
price	String	否	价格,类型是限价时必须带此参数
quantity	String	是	基准币数量
quoteOrderQty	String	否	计价币数量,当 type=Market 时才可使用
timeInForce	String	否	有效方式,当类型为限价时必须带此参数

(1) 限价下单,首先获取正式环境的 API Key。注意:正式环境 API 的基础 URL 是 https://api.binance.com。代码如下:

```
key, secret = getApiKey("apiKey", "apiSecret")
client = Spot(key, secret, base_url = "https://api.binance.com/")
```

如果用测试环境的 API Key,则基础 URL 是 https://testnet.binance.vision,代码如下:

```
key, secret = getApiKey("testKey", "testSecret")
client = Spot(key, secret, base_url = "https://testnet.binance.vision")
```

希望以 380 的价格购买 0.05 个 BNB，下限价单的方法用 new_order 函数。注意：下单价格不能距离市场价太近，否则会被平台拒绝执行，必填参数为 symbol、side、type、timeInForce、quantity、price，代码如下：

```
# 文件名:binanceSpotKline.py
# 参数表都是必选项
params = {
        "symbol": "BNBUSDT",         //交易对
        "side": "BUY",               //方向是买
        "type": "LIMIT",             //类型是限价
        "timeInForce": "GTC",
        "quantity": "0.05",          //BNB 数量
        "price": "350",              //价格
}
# 下单并返回结果
response = client.new_order( ** params)
print(response)
```

程序运行后，交易所 API 返回的是一个字典数据，其中最重要的 3 个参数是订单 ID、订单状态和成交数量。

订单 ID 用 response["orderId"]方法获得，获得订单 ID 后可以用订单查询 API 进一步查询订单的详情。

订单状态用 response["status"]方法获得，如果订单状态为 NEW，则表示未成交，如果订单状态为 FILLED，则表示完全成交，如果订单状态为 PARTIALLY_FILLED，则表示部分成交。

成交数量用 response["executedQty"]方法获得，返回结果如图 3-5 所示。

```
"symbol": "BNBUSDT", //交易对
"orderId": 2882514, //系统的订单ID
"orderListId": -1, //OCO订单ID, 否则为-1
"clientOrderId": "s8rqTlhuBY75VjYA8JW2vm", // 客户自定义的ID
"transactTime": 1709262151069, //交易的时间戳
"price": "380.00000000", //订单价格
"origQty": "0.05000000", //用户设置的原始订单数量
"executedQty": "0.00000000", //交易的订单数量
"cummulativeQuoteQty": "0.00000000", // 累计交易的金额
"status": "NEW", //订单状态
"timeInForce": "GTC", //订单的时效方式
"type": "LIMIT", //订单类型, 比如市价单、限价单等
"side": "BUY", //订单方向, 买还是卖
"workingTime": 1709262151069, //订单添加到orderbook的时间
"fills": [], //订单中交易的信息
"selfTradePreventionMode": "EXPIRE_MAKER" //自我交易预防模式
```

图 3-5　限价单返回数据

下限价单的完整代码如下：

```python
# 文件名:binanceSpotLimitOrd.py
from binance.spot import Spot
from env import getApiKey

# 下一个限价单
def limitOrder(symbol, side, qty, price):
    # 正式环境
    # key, secret = getApiKey("apiKey", "apiSecret")
    # client = Spot(key, secret, base_url="https://api.binance.com")
    # 测试网
    testKey, testSecret = getApiKey("testKey", "testSecret")
    client = Spot(testKey, testSecret, base_url="https://testnet.binance.vision")
    # 参数字典
    params = {
        "symbol": symbol,           #//交易对
        "side": side,               #//方向
        "type": "LIMIT",            #//类型
        "timeInForce": "GTC",
        "quantity": qty,            #//数量
        "price": price,             #//价格
    }
    # 下单
    response = client.new_order(**params)
    print(response)

# 主函数
def main():
    # 限价方式以 380 为价格,购买 0.05 个 BNB
    limitOrder("BNBUSDT", "BUY", "0.05", "380")

if __name__ == "__main__":
    main()
```

(2)以基准币市价下单,方法也是用 new_order 函数,必填参数为 symbol、side、type、quantity,代码如下:

```python
# 文件名:binanceSpotOrder.py
from binance.spot import Spot
from env import getApiKey

# 下一个市价单
def marketOrder(symbol, side, qty):
    # 测试网
    key, secret = getApiKey("testKey", "testSecret")
    client = Spot(key, secret, base_url="https://testnet.binance.vision")
    params = {
        "symbol": symbol,       #//交易对
        "side": side,           #//方向
        "type": "MARKET",       #//类型
```

```python
        "quantity": qty                      //数量
    }
    response = client.new_order(**params)
    print(response)
    print("成交价",response["fills"][0]["price"])
    print("成交数量",response["fills"][0]["qty"])

def main():
    #以市价购买 0.1 个 BNB,订单立刻生效
    marketOrder("BNBUSDT", "BUY", "0.1")

if __name__ == "__main__":
    main()
```

程序运行后,交易所返回一个字典数据,和限价单不同的是 fills 字段里多了一个数组数据,里面保存的是交易结果数据,成交价格用 response["fills"][0]["price"]方法获得,成交数量用 response["fills"][0]["qty"]方法获得,结果如图 3-6 所示。

```
{
    "symbol": "BNBUSDT",  //交易对
    "orderId": 2883468,  //系统的订单ID
    "orderListId": -1,  //OCO订单ID,否则为-1
    "clientOrderId": "b4WiJR3m70ymS2T1Ca4tNo",  // 客户自定义的ID
    "transactTime": 1709262904408,  //交易的时间戳
    "price": "0.00000000",  //订单价格,市价类型,此处都是0
    "origQty": "0.10000000",  //用户设置的原始订单数量
    "executedQty": "0.10000000",  //交易的订单数量
    "cummulativeQuoteQty": "40.56000000",  // 累计交易的金额
    "status": "FILLED",  //订单状态
    "timeInForce": "GTC",  //订单的时效方式
    "type": "MARKET",  //订单类型,比如市价单、限价单等
    "side": "BUY",  //订单方向,买还是卖
    "workingTime": 1709262904408,  //订单添加到order book的时间
    "fills": [  //订单中交易的信息
        {
            "price": "405.60000000",  //交易的价格
            "qty": "0.10000000",  //交易的数量
            "commission": "0.04000000",  //手续费金额
            "commissionAsset": "USDT",  // 手续费的币种
            "tradeId": 104782  //交易ID
        }
    ],
    "selfTradePreventionMode": "EXPIRE_MAKER"
}
```

图 3-6 市价单返回数据

(3) 以计价币市价下单,方法也是用 new_order 函数,必填参数为 symbol、side、type、quoteOrderQty,代码如下:

```python
#文件名:binanceSpotOrder.py
from binance.spot import Spot
from env import getApiKey
```

```python
#用 180 个 USDT,下一个市价单
def marketOrder(symbol, side, qty):
    #key, secret = getApiKey("apiKey","apiSecret")
    #client = Spot(key, secret, base_url = "https://api.binance.com")
    #测试网
    testKey, testSecret = getApiKey("testKey", "testSecret")
    client = Spot(testKey, testSecret, base_url = "https://testnet.binance.vision")
    params = {"symbol": symbol, "side": side, "type": "MARKET", "quoteOrderQty": qty}
    response = client.new_order( ** params)
    print(response)

def main():
    #用 180 个 USDT 以市价换成尽可能多的 BNB 下单
    marketOrder("BNBUSDT", "BUY", "180")

if __name__ == "__main__":
    main()
```

运行结果如图 3-7 所示。

```
{
    "symbol": "BNBUSDT", //交易对
    "orderId": 5401866, //订单ID
    "orderListId": -1,
    "clientOrderId": "1X83XGnlvT2DxgEn9l9zP9",
    "transactTime": 1712548039660,
    "price": "0.00000000",
    "origQty": "0.30900000",
    "executedQty": "0.30900000", //交易的订单数量
    "cummulativeQuoteQty": "179.49810000", //消耗的usdt数量
    "status": "FILLED", //状态: 完成成交
    "timeInForce": "GTC",
    "type": "MARKET", //订单类型
    "side": "BUY", //方向: 买入
    "workingTime": 1712548039660,
    "fills": [
        {
            "price": "580.90000000", //价格
            "qty": "0.30900000",  //数量
            "commission": "0.00000000",
            "commissionAsset": "BNB",
            "tradeId": 250780
        }
    ],
    "selfTradePreventionMode": "EXPIRE_MAKER"
}
```

图 3-7 市价单返回数据

3.2.8 现货查询订单信息 API

下单操作后平台并不能马上返回结果,想要查询订单状态,需要调用查询订单信息的 API。参数见表 3-6。

第3章 交易所API介绍

表 3-6 查询订单参数

参数名称	类型	是否是必需的	描述
symbol	String	是	交易对名称,例如 BTCUSDT
orderId	String	否	订单 ID

代码如下：

```
ord = client.get_order("BTCUSDT", orderId = "9783716")
print(ord)
```

程序运行后,交易所会返回一个字典数据,里面的重要参数有：price,表示下单价格；origQty,表示下单数量；status,表示订单状态；executedQty,表示成交数量；type,表示订单类型；side,表示买卖方向。

运行结果如图 3-8 所示。

图 3-8 查询订单返回数据

3.2.9 现货取消订单 API

取消订单 API 只能取消限价订单,并且订单的状态是 NEW(表示订单未成交),否则无法取消。参数见表 3-7。

表 3-7 取消订单参数

参数名称	类型	是否是必需的	描述
symbol	String	是	交易对名称,例如 BTCUSDT
orderId	String	否	订单 ID

代码如下：

```
ord = client.cancel_order("BTCUSDT", orderId = "9783716")
print(ord)
```

3.2.10 应用示例：现货 API 综合应用

本节讲解了现货 API 中的查询行情、下单，以及查询订单、取消订单的基本操作，现在综合应用这些 API 写两个示例程序。

第 1 个示例程序的主要功能是下一个限价买单：以 60000 的价格购买 0.001 个 BTC，下单成功后会返回一个 orderId，然后用这个 orderId 查询订单的状态。如果状态等于 NEW，则调用取消订单 API，取消成功后返回结果字典中的状态值为 CANCELED，表示取消操作成功。

Python 语法部分，用到了函数定义和函数调用，我们把下单操作定义为 newLimitOrd 函数，将查询订单操作定义为 getOrder 函数，将取消订单操作定义为 cancelOrder 函数。主函数为 main，这是程序运行的起点。函数命名使用了驼峰规则，也就是函数名首字母小写，后面的每个单词首字母大写，这样的命名规则让人一看函数名就知其意。

第 1 个示例程序的完整代码如下：

```
文件名：binanceSpotGetOrd.py

from binance.spot import Spot
from env import getApiKey

# 测试网
key, secret = getApiKey("testKey", "testSecret")
client = Spot(key, secret, base_url = "https://testnet.binance.vision")

# 限价单
def newLimitOrd(symbol, side, price, qty):
    params = {
        "symbol": symbol,
        "side": side,
        "type": "LIMIT",
        "timeInForce": "GTC",
        "quantity": qty,
        "price": price,
    }
    response = client.new_order( ** params)      # 返回的订单信息
    ordId = response["orderId"]                  # 订单 ID
    return ordId

# 查询订单
def getOrder(symbol, ordId):
    ord = client.get_order(symbol, orderId = ordId)
```

```python
        print(ord)
        print("订单状态", ord["status"])
        return ord

#取消订单
def cancelOrder(symbol, ordId):
    response = client.cancel_order(symbol, orderId = ordId)
    #取消成功,状态是 CANCELED
    print("取消订单结果", response["status"])

def main():
    #限价单,以 60000 的价格购买 0.001 个 BTC
    symbol = "BTCUSDT"
    orderId = newLimitOrd(symbol, "BUY", "60000", "0.001")
    ord = getOrder(symbol, orderId)
    print("限价单状态", ord["status"])
    if ord["status"] == "NEW":
        cancelOrder(symbol, orderId)

if __name__ == "__main__":
    main()
```

第 2 个示例程序更加接近实际应用,先获取行情数据,获得当前市价,确定一个有机会盈利的下单价格,下单价格＝市价－市价×0.005％,以此价格下一个限价买单。

然后在循环结构中不断地查询订单状态,如果订单状态为 NEW,则表示未成交,程序就休眠 10s。如果订单状态为 FILLED,则表示完全成交。如果状态为 PARTIALLY_FILLED,则表示部分成交,立即下一个限价卖单,卖单价格为买入价＋利润,卖出单的下单数量从查询订单接口返回数据中取 executedQty 字段值,表示实际成交数量,调用 API 部分的代码都使用 try/except 包裹起来,防止因 API 出错而导致程序中断运行。

精度计算也是一个非常重要的知识点,下单数量精度和价格精度(也就是小数位数),必须满足交易对的精度要求,否则下单会失败。例如下单数量 qty 为"2.001",小数点后有 3 位小数,精度就是 3,如何计算精度呢? 可以使用 Python 的 split 函数对下单数量字符进行分隔,分隔符是".",arr＝qty.split(".")得到的就是一个数组,数组名为 arr,arr 数组的第 1 个元素是整数部分"2",arr 数组的第 2 个元素是小数点后的部分"001",然后用 Python 的 len 函数计算"001"的长度,len(arr[1])就等于 3。注意:arr[1]指第 2 个元素,arr[0]指第 1 个元素。程序代码如下:

```
文件名:binanceSpotGetOrd.py

#测试币安买和卖流程
import json
import time
from binance.spot import Spot
from binance.websocket.spot.websocket_stream import SpotWebsocketStreamClient
```

```python
from env import getApiKey

# 获取 API Key 和 Secret
testKey, testSecret = getApiKey("testKey", "testSecret")
client = Spot(testKey, testSecret, base_url = "https://testnet.binance.vision")


# 限价单
def newLimitOrd(symbol, side, price, qty):
    params = {
        "symbol": symbol,
        "side": side,
        "type": "LIMIT",
        "timeInForce": "GTC",
        "quantity": qty,
        "price": price,
    }
    print(params)
    response = client.new_order(**params)    # 返回的订单信息
    ordId = response["orderId"]              # 订单 ID
    return ordId


# 查询订单
def getOrder(symbol, ordId):
    try:
        ord = client.get_order(symbol, orderId = ordId)
        print(ord)
        print("订单状态", ord["status"])
        return ord
    except Exception as e:
        print(f"查询订单错误: {e}")
        return {}


# 取消订单
def cancelOrder(symbol, ordId):
    try:
        response = client.cancel_order(symbol, orderId = ordId)
        # 取消成功,状态是 CANCELED
        print("取消订单结果", response["status"])
    except Exception as e:
        print(f"取消订单错误: {e}")


# 取消所有订单
def cancelAllOrder(symbol):
    try:
```

```python
        response = client.cancel_open_orders(symbol)
        # 取消成功,状态是 CANCELED
        print("取消所有订单", response["status"])
    except Exception as e:
        print(f"取消所有订单错误:{e}")


# 计算下单数量的精度,也就是小数位
def setqtyDecimalNum(qty):
    global qtyDecimalNum
    arr = qty.split(".")
    if len(arr) > 0:
        qtyDecimalNum = len(arr[1])
    else:
        qtyDecimalNum = 0
    print(f"将小数位长度设置为{qtyDecimalNum}")


# 计算价格的精度,也就是小数位
def getPriceDecimalNum(price):
    arr = price.split(".")
    if len(arr) > 0:
        num = arr[1].rstrip("0")
        numLen = len(num)
        return numLen
    else:
        return 0


def getKlines(symbol, interval, limit):
    arr = client.klines(symbol, interval, limit = limit)
    # print(arr)
    # 返回数据格式[[开盘时间,开盘价,最高价,最低价,收盘价,成交量],[开盘时间,开盘价,最高
    # 价,最低价,收盘价,成交量]...]
    # [[1499040000000', "61740.30","61740.30","61659.72","61666.68","148976.11427815"]]
    lastId = len(arr) - 1          # 最后的 K 线数据,也就是最新数据
    print("开盘价", arr[lastId][1])   # 开盘价
    print("最高价", arr[lastId][2])   # 最高价
    print("最低价", arr[lastId][3])   # 最低价
    print("收盘价", arr[lastId][4])   # 收盘价
    return arr[lastId][4]


def main():
    symbol = "BTCUSDT"                # 交易对
    interval = "1m"                   # 将频率更新为 1min
    limit = 10                        # K 线数量
    cancelAllOrder(symbol)            # 先取消所有订单
    close = getKlines(symbol, interval, limit)
```

```python
        print("市价", close)
        closeF = float(close)
        # 按低于市价 0.03% 价格购买
        closeF -= closeF * 0.0003
        # 价格精度
        priceDecimalNum = getPriceDecimalNum(close)
        closeF = round(closeF, priceDecimalNum)
        qty = 0.001
        qtyDecimalNum = 3
        ordId = newLimitOrd(symbol, "BUY", f"{closeF}", qty)
        print(f"挂买单:订单 id={ordId},交易对={symbol},方向=BUY,价格={closeF},数量={qty}")
        while True:
            try:
                # 检查订单是否成交
                ord = getOrder(symbol, ordId)
                # 如果状态是 NEW,则表示未成交
                if ord["status"] == "NEW":
                    time.sleep(10)
                elif ord["status"] == "FILLED" or ord["status"] == "PARTIALLY_FILLED":
                    # 命中
                    print(f"订单 id={ordId}命中")
                    # 获得订单执行价格
                    orderPrice = float(ord["price"])
                    # 价格精度
                    priceDecimalNum = getPriceDecimalNum(ord["price"])
                    # 计算盈利价格
                    profitPrice = orderPrice + orderPrice * 0.0005
                    # 保持正确的小数位
                    profitPrice = round(profitPrice, priceDecimalNum)
                    # 开始卖出
                    # 获取订单的执行数量
                    executedQty = float(ord["executedQty"])
                    print("执行数量", executedQty)
                    # cummulativeQuoteQty = float(ord["cummulativeQuoteQty"])
                    # 保持精度
                    executedQty = round(executedQty, qtyDecimalNum)
                    print("执行数量,保持精度", executedQty)
                    try:
                        ordId2 = newLimitOrd(
                            symbol, "SELL", f"{profitPrice}", f"{executedQty}"
                        )
                        print(
                            f"挂单信息:订单 id={ordId2},交易对={symbol},方向=SELL,价格={profitPrice},数量={executedQty}"
                        )
                        print("======完成挂卖出单,等待成交获利======")
                        print("======退出======")
                        break
```

```
            except Exception as e:
                print(" ======= 挂卖出单错误 ======= ")
                print(e)
        except Exception as e:
            print(f"查询订单错误: {e}")
        time.sleep(10)


if __name__ == "__main__":
    print("测试币安买和卖的流程")
    main()
```

3.2.11 币安合约 API

现在的加密货币交易所,使用合约交易的用户比现货交易的用户多很多,从 API 限制频率来看:现货 API 交易每分钟被限制为 6000 次,而合约 API 交易每分钟被限制为 180000 次。手续费也是合约交易远低于现货交易,也就是平台鼓励用户使用合约交易。

合约 API 需要在程序的开头导入 SDK 的 UMFutures 包,代码如下:

```
# 导入合约模块
from binance.um_futures import UMFutures
```

新建一个合约对象变量,代码如下:

```
client = UMFutures()
```

3.2.12 合约深度信息 API

获取合约深度信息的方法是 depth,需要的参数见表 3-8。

表 3-8 合约深度信息参数

参数名称	类型	是否是必需的	描述
symbol	String	是	交易对名称,例如 BTCUSDT
limit	Int	否	默认值为 500,最大值为 1000,可选值为[5,10,20,50,100,500,1000]

使用 depth 方法传入交易对和数量两个参数,代码如下:

```
symbol = "BTCUSDT"
params = {
    "limit": 10,
}
arr = client.depth(symbol, ** params)
print(arr)
```

返回的深度数据如图 3-9 所示。

```
{
    "lastUpdateId": 4085826497911,
    "E": 1709434785472,   //消息时间
    "T": 1709434785448,   //撮合引擎时间
    "bids": [   //买单
        [
            "61867.80",   //买入价格
            "13.521"      //买入数量
        ],
        [
            "61867.70",   //买入价格
            "0.255"       //买入数量
        ]
    ],
    "asks": [   //卖单
        [
            "61868.30",   //卖出价格
            "0.002"       //卖出数量
        ],
        [
            "61868.40",   //卖出价格
            "0.016"       //卖出数量
        ]
    ]
}
```

图 3-9 合约深度数据

完整代码如下:

```python
文件名:binanceFuturesDepth.py
from binance.um_futures import UMFutures

client = UMFutures()
symbol = "BTCUSDT"
params = {
    "limit": 10,
}

arr = client.depth(symbol, **params)
print("买入价", arr["bids"][0][0])      #取第 1 个买入价
print("卖出价", arr["asks"][-1][0])     #取最后一个卖出价

#返回结果
#买入价 61867.80
#卖出价 61868.40
```

3.2.13 合约有限深度信息 WebSocket API

有限深度信息的 WebSocket 方式的接口效率更高,以每秒或者每 100ms 推送数据,延迟更低,与 HTTP 接口参数名称略有不同,参数见表 3-9。

表 3-9 合约有限深度信息参数

参数名称	类型	是否是必需的	描述
symbol	String	是	交易对名称,例如 BTCUSDT
level	Int	否	默认值为 100,最大值为 5000,可选值为[5,10,20,50,100,500,1000,5000]
speed	Int	是	更新频率,单位为毫秒,可选值为[100,250,500]

查询有限深度信息,需要加载 SDK 合约模块的 websocket_client 包和 json 包,代码如下:

```
#文件名:binanceSpotWsDepth.py
from binance.websocket.um_futures.websocket_client import
UMFuturesWebsocketClient
import json
```

使用 UMFuturesWebsocketStreamClient 方法创建一个合约对象变量,并指定一个名称为 message_handler 的函数接收推送数据,代码如下:

```
client = SpotWebsocketStreamClient(on_message = message_handler)
```

然后使用 partial_book_depth 方法发出请求,得到的推送数据是 JSON 格式,还需要导入 json 包进行解析,代码如下:

```
client.partial_book_depth(
    symbol = "BTCUSDT",    #交易对
    level = 20,            #数量
    speed = 100,           #更新速度,单位为毫秒
)
```

接收推送数据,并用 json 包进行解析,代码如下:

```
#接收推送数据
def message_handler(_, msg):
    data = json.loads(msg)
    print(data)
```

WebSocket 接口返回的字段一般用简写,用 e 代替 event、用 s 代替 symbol、用 b 代替 bid、用 a 代替 ask,这样做的目的是最大限度地减少数据传输量,返回的深度数据如图 3-10 所示。

完整代码如下:

```
#文件名:binanceFuturesWsDepth.py
import time
from binance.websocket.um_futures.websocket_client import
UMFuturesWebsocketClient
import json


#接收推送数据
```

```python
def message_handler(_, msg):
    data = json.loads(msg)
    # print(data)
    print("第 1 个买入价", data["b"][0][0])
    print("最后一个卖出价", data["a"][-1][0])
    # 运行结果
    # 第 1 个买入价 62066.30
    # 最后一个卖出价 62070.80

client = UMFuturesWebsocketClient(on_message = message_handler)
client.partial_book_depth(
    symbol = "BTCUSDT",    # 交易对
    level = 20,            # 数量
    speed = 100,           # 更新速度,单位为毫秒
)

# time.sleep(10)           # 休眠 10s
# client.stop()            # 停止接收推送 print(data)
```

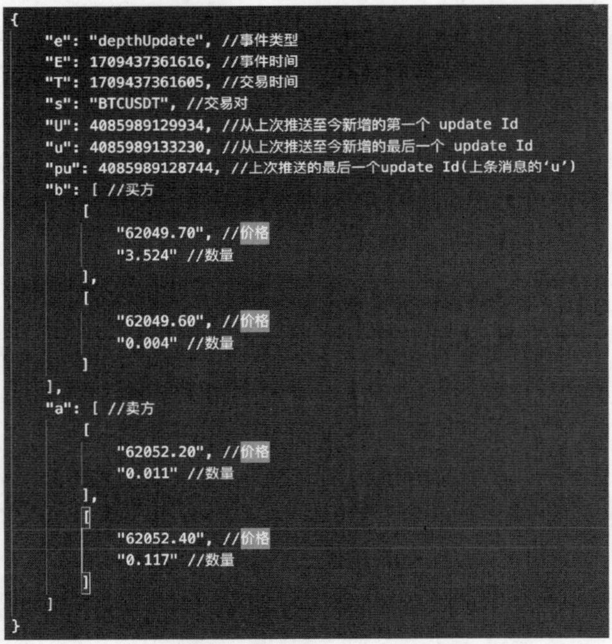

```
{
    "e": "depthUpdate", //事件类型
    "E": 1709437361616, //事件时间
    "T": 1709437361605, //交易时间
    "s": "BTCUSDT", //交易对
    "U": 4085989129934, //从上次推送至今新增的第一个 update Id
    "u": 4085989133230, //从上次推送至今新增的最后一个 update Id
    "pu": 4085989128744, //上次推送的最后一个update Id(上条消息的'u')
    "b": [ //买方
        [
            "62049.70", //价格
            "3.524" //数量
        ],
        [
            "62049.60", //价格
            "0.004" //数量
        ]
    ],
    "a": [ //卖方
        [
            "62052.20", //价格
            "0.011" //数量
        ],
        [
            "62052.40", //价格
            "0.117" //数量
        ]
    ]
}
```

图 3-10 合约 WebSocket 深度数据

3.2.14 合约 K 线 API

获取合约 K 线数据的方法是 klines,需要的参数见表 3-10。

表 3-10 合约 K 线 API 参数

参数名称	类型	是否是必需的	描述
symbol	String	是	交易对名称，例如 BTCUSDT
interval	String	否	时间间隔，可选值为[1m,3m,5m,15m,30m,1h,2h,4h,6h,8h,12h,1d,3d,1w]
limit	Int	否	默认值为 500,最大值为 1000,可选值为[5,10,20,50,100,500,1000]

kline 使用方法,完整代码如下：

```python
文件名:binanceFuturesKline.py
from binance.um_futures import UMFutures

client = UMFutures()
symbol = "BTCUSDT"
params = {
    "interval": "1m",              //间隔频率 1min
    "limit": 10
}
arr = client.klines(symbol, **params)
print(arr)
lastId = len(arr) - 1          # 最后的 K 线数据,也就是最新数据
print("开盘价", arr[lastId][1])   # 开盘价
print("最高价", arr[lastId][2])   # 最高价
print("最低价", arr[lastId][3])   # 最低价
print("收盘价", arr[lastId][4])   # 收盘价

# 运行结果
# 开盘价 62059.60
# 最高价 62065.30
# 最低价 62059.60
# 收盘价 62065.20
```

返回的 K 线数据如图 3-11 所示。

```
[
  [
    1709435340000,  //开盘时间
    "61905.40",  //开盘价
    "61905.50",  //最高价
    "61879.00",  //最低价
    "61881.50",  //收盘价(当前K线未结束的即为最新价)
    "77.511",  //成交量
    1709435399999,  //收盘时间
    "4797612.99630",  //成交额
    1279,  //成交笔数
    "17.532",  //主动买入成交量
    "1085192.40140",  //主动买入成交额
    "0"  //忽略该参数
  ]
]
```

图 3-11 合约 K 线数据

3.2.15 合约 K 线数据 WebSocket API

合约 K 线数据需要的参数见表 3-11。

表 3-11 合约 K 线数据参数

参数名称	类型	是否是必需的	描述
symbol	String	是	交易对名称,例如 BTCUSDT
level	Int	否	默认值为 100,最大值为 5000,可选值为[5,10,20,50,100, 500,1000,5000]
speed	Int	是	更新频率,单位为毫秒,可选值为[100,250,500]

创建一个合约对象,然后用 kline 方法获得 K 线推送数据,并指定一个名称为 message_handler 的函数接收推送数据,代码如下:

```
client = UMFuturesWebsocketClient(on_message = message_handler)
client.kline(
    symbol = "BTCUSDT",
    interval = "1m",
)
```

message_handler 函数接收到推送数据后解析 JSON 数据,代码如下:

```
def message_handler(_, msg):
    data = json.loads(msg)
    #print(data)
```

推送的 K 线数据如图 3-12 所示。

```
{
    "e": "kline",           //事件类型
    "E": 1709438450490,     //事件时间
    "s": "BTCUSDT",         //交易对
    "k": {
        "t": 1709438400000, //这根K线的起始时间
        "T": 1709438459999, //这根K线的结束时间
        "s": "BTCUSDT",     //交易对
        "i": "1m",          //K线间隔
        "f": 4666178485,    //这根K线期间第一笔成交ID
        "L": 4666179076,    //这根K线期间末一笔成交ID
        "o": "61997.10",    //这根K线期间第一笔成交价
        "c": "62001.80",    //这根K线期间末一笔成交价
        "h": "62001.9",     //这根K线期间最高成交价
        "l": "61997.00",    //这根K线期间最低成交价
        "v": "15.659",      //这根K线期间成交量
        "n": 592,           //这根K线期间成交笔数
        "x": false,         //这根K线是否完结(是否已经开始下一根K线)
        "q": "970847.48310",//这根K线期间成交额
        "V": "10.091",      //主动买入的成交量
        "Q": "625634.65420",//主动买入的成交额
        "B": "0"            //忽略此参数
    }
}
```

图 3-12 推送的合约 K 线数据

完整代码如下：

```python
# 文件名：binanceFuturesWsKline.py
import time
import json
from binance.websocket.um_futures.websocket_client import UMFuturesWebsocketClient


# 接收推送数据
def message_handler(_, msg):
    data = json.loads(msg)

    print("交易对", data["k"]["s"])
    print("第 1 笔成交价", data["k"]["o"])
    print("最后一笔成交价", data["k"]["c"])
    print("最高成交价", data["k"]["h"])
    print("最低成交价", data["k"]["l"])
    print("成交量", data["k"]["v"])
    # 运行结果
    # 交易对 BTCUSDT
    # 第 1 笔成交价 62040.00
    # 最后一笔成交价 62060.70
    # 最高成交价 62060.70
    # 最低成交价 62039.90
    # 成交量 41.368


client = UMFuturesWebsocketClient(on_message = message_handler)

client.kline(
    symbol = "BTCUSDT",
    interval = "1m",
)

# time.sleep(10)     # 休眠 10s
# client.stop()      # 停止接收推送
```

3.2.16　合约查询余额 API

合约账户包括多种资产，数据格式如图 3-13 所示。

对于 U 本位合约，只要查资产是 USDT 的余额即可，示例代码如下：

```python
文件名：binanceFuturesBalance.py
from binance.um_futures import UMFutures
from env import getApiKey

key, secret = getApiKey("apiKey", "apiSecret")

# 合约账户
```

```python
client = UMFutures(key = key, secret = secret)


#合约账户余额
def getBalance(asset):
    arr = client.balance(ecvWindow = 5000)
    print(arr)
    for item in arr:
        if item["asset"] == asset:
            return float(item["availableBalance"])
    return 0.00000000


def main():
    balance = getBalance("USDT")
    print("合约账户 USDT 余额", balance)


if __name__ == "__main__":
    main()
```

```
[
    {
        "accountAlias": "SgoCFzfWAuXqSgFz",  //账户唯一识别码
        "asset": "BTC",  //资产
        "balance": "0.00000000",  //总余额
        "crossWalletBalance": "0.00000000",  //全仓余额
        "crossUnPnl": "0.00000000",  //全仓持仓未实现盈亏
        "availableBalance": "0.00000000",  //下单可用余额
        "maxWithdrawAmount": "0.00000000",  //最大可转出余额
        "marginAvailable": True,  //是否可用作联合保证金
        "updateTime": 0  //更新时间
    },
    {
        "accountAlias": "SgoCFzfWAuXqSgFz",  //账户唯一识别码
        "asset": "USDT",  //资产
        "balance": "318.06463735",  //总余额
        "crossWalletBalance": "318.06463735",  //全仓余额
        "crossUnPnl": "0.00000000",  //全仓持仓未实现盈亏
        "availableBalance": "318.06463735",  //下单可用余额
        "maxWithdrawAmount": "318.06463735",  //最大可转出余额
        "marginAvailable": True,  //是否可用作联合保证金
        "updateTime": 1709357612889  //更新时间
    }
]
```

图 3-13 合约账户数据格式

3.2.17 合约设置逐仓全仓 API

设置逐仓全仓 API 需要的参数见表 3-12。

表 3-12　设置逐仓全仓 API 需要的参数

参数名称	类型	是否是必需的	描述
symbol	String	是	交易对名称，例如 BTCUSDT
marginType	String	是	可选值为[CROSSED 全仓，ISOLATED 逐仓]

示例代码如下：

```
from binance.um_futures import UMFutures
from env import getApiKey

key, secret = getApiKey("apiKey", "apiSecret")
client = UMFutures(key = key, secret = secret)
# marginType 值选项：[CROSSED 全仓,ISOLATED 逐仓]
response = client.change_margin_type(
    symbol = "BTCUSDT", marginType = "CROSSED", recvWindow = 6000
)
print(response)
```

3.2.18　合约设置杠杆倍数 API

设置杠杆倍数 API 需要的参数见表 3-13。

表 3-13　设置杠杆倍数 API 需要的参数

参数名称	类型	是否是必需的	描述
symbol	String	是	交易对名称，例如 BTCUSDT
leverage	Int	是	杠杆倍数

示例代码如下：

```
from binance.um_futures import UMFutures
from env import getApiKey

key, secret = getApiKey("apiKey", "apiSecret")
client = UMFutures(key = key, secret = secret)
response = client.change_leverage(
    symbol = "BTCUSDT", leverage = 10, recvWindow = 6000
)
print(response)
# 返回结果
# leverage 杠杆倍数
# maxNotionalValue 最大名义价值
# {'symbol': 'BTCUSDT', 'leverage': 10, 'maxNotionalValue': '150000000'}
```

3.2.19　合约下单 API

合约下单 API 的方法是 new_order，这是一个难点，很多新手在这里容易写错，涉及如何开仓、平仓、新建委托订单等操作，交易所文档只是罗列了参数，没有讲解如何使用，参数比较多，见表 3-14，我们将以示例代码的方式详细解读。

表 3-14 设置杠杆倍数 API 需要的参数

参数名称	类型	是否是必需的	描述
symbol	String	是	交易对名称，例如 BTCUSDT
side	ENUM	是	买卖方向为 SELL 或 BUY
positionSide	ENUM	是	持仓方向，默认双持仓模式下的选择项为[做多 LONG，做空 SHOAT]
type	ENUM	是	订单类型为[LIMIT，MARKET，TAKE_PROFIT_MARKET，TRAILING_STOP_MARKET，TAKE_PROFIT]
reduceOnly	String	否	非双开模式选 True 或 False，双开模式不选此参数
quantity	DECIMAL	否	下单数量，使用 closePosition 时不填此参数
price	DECIMAL	否	委托价格
stopPrice	DECIMAL	否	触发价格
activatePrice	DECIMAL	否	追踪止损激活价格，仅当 type＝TRAILING_STOP_MARKET 时使用
callbackRate	DECIMAL	否	追踪止损回调比例，取值范围为[0.1,10]，仅当 type＝TRAILING_STOP_MARKET 时使用

开仓做多，side 一定要是 BUY，同时 positionSide 一定要是 LONG，示例代码如下：

```
# 开仓做多
response = client.new_order(
    symbol = "BTCUSDT",      # 交易对
    side = "BUY",            # 交易方向
    type = "MARKET",         # 类型
    quantity = 0.01,         # 数量
    positionSide = "LONG",   # 持仓方向
)
print("开仓做多")
print(response)
```

开仓做空，side 一定要是 SELL，同时 positionSide 一定要是 SHORT，示例代码如下：

```
# 开仓做多
response = client.new_order(
    symbol = "BTCUSDT",      # 交易对
    side = "SELL",           # 交易方向
    type = "MARKET",         # 类型
    quantity = 0.01,         # 数量
    positionSide = "SHORT",  # 持仓方向
)
print("开仓做空")
print(response)
```

返回的订单数据如图 3-14 所示。

图 3-14 订单数据

合仓：如果第 2 次执行 new_order，交易方向、持仓方向都和之前仓位一致，则将进行合仓操作，也就是合并在同一个仓位，两次的 quantity 值累加，代码如下：

```
#第 1 次开仓做多
Response1 = client.new_order(
    symbol = "BTCUSDT",      #交易对
    side = "SELL",           #交易方向
    type = "MARKET",         #类型
    quantity = 0.01,         #数量
    positionSide = "SHORT",  #持仓方向
)
print("开仓做空 1")
print(response1)

#第 2 次开仓做多
Response2 = client.new_order(
    symbol = "BTCUSDT",      #交易对
    side = "SELL",           #交易方向
    type = "MARKET",         #类型
    quantity = 0.01,         #数量
    positionSide = "SHORT",  #持仓方向
)
print("开仓做空 2")
print(response2)

#此时仓位中的 quantity 值是 0.02
```

平仓：交易所没有专门的平仓函数，需要再下一个订单，买卖方向和之前仓位买卖方向相反即可，代码如下：

```python
#开仓做多
response = client.new_order(
    symbol = "BTCUSDT",       #交易对
    side = "BUY",             #交易方向
    type = "MARKET",          #类型
    quantity = 0.01,          #数量
    positionSide = "LONG",    #持仓方向
)
print("开仓做多")
print(response)

#平仓操作
Response2 = client.new_order(
    symbol = "BTCUSDT",       #交易对
    side = "SELL",            #交易方向和上面的相反即可平仓
    type = "MARKET",          #类型
    quantity = 0.01,          #数量
    positionSide = "LONG",    #持仓方向要和上面一致
)
print("平仓")
print(response2)
```

设置止盈和止损要点：买卖方向要和开仓买卖方向相反，持仓方向要一致，然后设置一个触发价格，当市场价到达这个触发价格时自动平仓，代码如下：

```python
#开仓做多
response = client.new_order(
    symbol = "BTCUSDT",       #交易对
    side = "BUY",             #交易方向为买入
    type = "MARKET",          #类型
    quantity = 0.01,          #数量
    positionSide = "LONG",    #持仓方向为做多
)
print("开仓做多")
print(response)

#设置止盈
response = client.new_order(
    symbol = "BTCUSDT",
    side = "SELL",            #交易方向为卖出
    type = "TAKE_PROFIT_MARKET",  #订单类型为止盈
    timeInForce = "GTC",
    stopPrice = 64100,        #止盈触发价格
    quantity = qty,           #数量
    positionSide = "LONG",    #持仓方向为做多
)
```

```
print("设置止盈")
print(response)

#设置止损,买卖方向要和开仓买卖方向相反,持仓方向要一致
response = client.new_order(
    symbol = "BTCUSDT",
    side = "SELL",                       #交易方向为卖出
    type = "TRAILING_STOP_MARKET",       #订单类型为止损
    timeInForce = "GTC",
    activatePrice = 62500,               #止损激活价格
    callbackRate = 1,                    #止损回调比例
    quantity = qty,                      #数量
    positionSide = "LONG",               #持仓方向为做多
)
print("设置止损")
print(response)
```

3.2.20 合约查询订单 API

查询订单 API 需要的参数见表 3-15。

表 3-15 查询订单 API 需要的参数

参数名称	类型	是否是必需的	描述
symbol	String	是	交易对名称,例如 BTCUSDT
orderId	String	是	订单 ID

代码如下:

```
symbol = "BTCUSDT"
orderId = "12345"
#查询单个订单
ord = client.query_order(symbol, orderId)
print(ord)
```

3.2.21 合约取消订单 API

查询订单 API 有两个,一个是按订单 ID 取消订单,另一个是取消所有打开的订单,代码如下:

```
#取消订单
response = client.cancel_order(
    symbol = "BTCUSDT", orderId = "123456", recvWindow = 2000
)
print("取消订单")
print(response)

#取消所有打开的订单
response = client.cancel_open_orders(
```

```
        symbol = "BTCUSDT", recvWindow = 2000
)
print("取消所有打开的订单")
print(response)
```

3.2.22　应用示例：合约 API 综合应用

把前面介绍的合约 API 结合在一起，做一个综合应用，代码如下：

```
# 文件名：binanceFuturesCancel.py

from binance.um_futures import UMFutures
from env import getApiKey
import time

# 正式环境
# key, secret = getApiKey("apiKey","apiSecret")
# client = UMFutures(key = key, secret = secret,
base_url = "https://api.binance.com")

# 测试网
key, secret = getApiKey("testFuturesKey", "testFuturesSecret")
client = UMFutures(key = key, secret = secret,
base_url = "https://testnet.binancefuture.com")

qty = 0.01                            # 数量
# 开仓做多
response = client.new_order(
    symbol = "BTCUSDT",               # 交易对
    side = "BUY",                     # 买卖方向为买入
    type = "MARKET",                  # 订单类型为市价
    quantity = qty,                   # 数量
    positionSide = "LONG",            # 持仓方向为做多
    # timeInForce = "GTC",
)
print("开仓")
print(response)

# 设置止盈
response = client.new_order(
    symbol = "BTCUSDT",               # 交易对
    side = "SELL",                    # 买卖方向为卖出
    type = "TAKE_PROFIT_MARKET",      # 订单类型为市价止盈
    timeInForce = "GTC",
    stopPrice = 64100,                # 触发价格
    quantity = qty,                   # 数量
    positionSide = "LONG",            # 持仓方向为做多
)
print("设置止盈")
```

```python
print(response)
ordId = response["orderId"]
print(f"止盈订单 id{ordId}")
# 休眠 10s
time.sleep(10)

# 查询订单
response = client.query_order(symbol = "BTCUSDT", orderId = ordId)
print("查询订单结果")
print(response)
# 订单状态
status = response["status"]

# 如果订单状态为 NEW,则取消订单
if status == "NEW":
    response = client.cancel_order(symbol = "BTCUSDT", orderId = ordId, recvWindow = 2000)
    print("取消订单")
    print(response)


# 取消所有打开的订单
# response = client.cancel_open_orders(
#     symbol = "BTCUSDT", recvWindow = 2000
# )
# print("取消所有打开的订单")
# print(response)
```

3.3 欧易 API

和币安 API 不同,欧易 API 的现货和合约是同一套接口,欧易也有模拟盘,大部分 API 可以在模拟盘上进行测试,使用 API 前要先注册好实盘和模拟盘的 API Key、Secret Key、Passphrase,然后统一写到 config.ini 文件中,示例如下:

```
[keys]
# 币安
apiKey = u3YMZu8pdzWXoy2rugrp301nEsgOjmYgxVkeEqn2QfOriMMwquryxpmTw6WCyf9O
apiSecret = olc6INfXgUbBNeZT3niNXsQ7OrcNpOD1EJvAaExD1jGcpdH5wKmt6N98OOL1HUom
testKey = NaaGgBf104k0j5eU7bA6rmFmIQLChaRpUloYY7s84r6C13IEIjmxJcjhcgUxOzzu
testSecret = cRnSNAZYJsqp6e3cSy72BTfuXL9JypgEha0DJbDSRIUhJDIE9hv9Lm8LKNxOwQPv
testFuturesKey = 80fcfa736fc58faab1fe7a737afeef8ca0b3869fe853806ef9636463c1467bf3
testFuturesSecret = b9b688e52833da771a49ab2ed4df4eb4c5f9794c761438f77e8e8e986bb6b34a

# 欧易
okApiKey = fa2c486a-9387-483f-b074-6f3479ff9c59
okApiSecret = C0D68E91FB2AB0B6D7A1BFB16D8A30C9
```

```
okTestKey = 2a076334-82ca-94a8-9971-fbf556863d44
okTestSecret = EE51E9F072DE9B6DB7A41F4EF5E2CFB5
passphrase = Abcd8888!
```

欧易没有官方的 SDK，只推荐了两个第三方 SDK：第 1 个是 Python-OKX，这个 SDK 只支持 Python 语言；第 2 个是 Open-API-SDK-V5，支持 Java、C♯、PHP、Python 等主流编程语言，但是这个 SDK 的 Python 版需要指定在 3.6～3.8，对 3.11 版本支持不好，所以推荐大家使用 Python-OKX，在命令行窗口下输入下面的指令：

```
pip install python-okx
```

本节将讲解用这个 SDK 编写代码来演示欧易 API 的使用方法。

3.3.1 查询钱包余额 API

欧易查询账户余额 API 参数见表 3-16。

表 3-16 欧易查询账户余额 API 参数

参数名称	类型	是否是必需的	描述
ccy	String	是	币种，例如 USDT

第 1 步，导入 SDK 的账户模块，代码如下：

```
from okx import Account
```

第 2 步，导入 apiKey、apiSecretKey、passphrase，代码如下：

```
from env import getOkApiKey
apiKey, apiSecretKey, passphrase = getOkApiKey(
    "okTestKey", "okTestSecret", "passphrase"
)
```

第 3 步，使用账户模块的 get_account_balance 方法查询余额，代码如下：

```
result = accountAPI.get_account_balance(ccy = "USDT")
print(result)
```

返回的账户余额数据如图 3-15 所示。

查询钱包余额的完整代码如下：

```
#文件名:okBalance.py
from okx import Account
from env import getOkApiKey

apiKey, apiSecretKey, passphrase = getOkApiKey(
    "okTestKey", "okTestSecret", "passphrase"
)
```

```
#0 为实盘,1 为模拟盘
accountAPI = Account.AccountAPI(apiKey, apiSecretKey, passphrase, False, flag = "1")
result = accountAPI.get_account_balance(ccy = "USDT")
print(result)
print("可用余额:", result["data"][0]["details"][0]["availBal"])
```

```
{
    "code": "0",
    "data": [
        {
            "adjEq": "",
            "details": [
                {
                    "availBal": "834.317093622894", //可用余额
                    "availEq": "834.3170936228935", //可用保证金
                    "borrowFroz": "0",
                    "cashBal": "810.435693622894", //币种余额
                    "ccy": "USDT", //币种
                    "crossLiab": "0",
                    "disEq": "991.542013297616",
                    "eq": "992.890093622894", //币种总权益
                    "eqUsd": "991.542013297616",
                    "fixedBal": "0",
                    "frozenBal": "158.573", //币种占用金额
                    "liab": "0", //币种负债额
                    "maxLoan": "0",
                    "uTime": "1705449605015",
                    "upl": "-7.545600000000006",
                    "uplLiab": "0"
                }
            ],
            "uTime": "1710646313242"
        }
    ],
}
```

图 3-15　账户余额数据

3.3.2　设置逐仓模式 API

欧易设置逐仓模式 API 参数见表 3-17。

表 3-17　欧易设置逐仓模式 API 参数

参数名称	类型	是否是必需的	描　　述
isoMode	String	是	逐仓保证金划转模式,automatic 为开仓自动划转
type	String	是	业务类型,MARGIN 为币币;CONTRACTS 为合约

设置逐仓模式,代码如下:

```
#文件名:okMargin.py
from okx import Account
from env import getOkApiKey

apiKey, apiSecretKey, passphrase = getOkApiKey(
    "okTestKey", "okTestSecret", "passphrase"
)
```

```python
# flag:0 为实盘;flag:1 为模拟盘
accountAPI = Account.AccountAPI(apiKey, apiSecretKey, passphrase, False, flag = "1")
# isoMode:逐仓保证金划转模式;type:业务线类型(MARGIN 币币杠杆,CONTRACTS 合约)
result = accountAPI.set_isolated_mode(isoMode = "automatic", type = "CONTRACTS")
print(result)
# 返回结果
# {'code': '0', 'data': [{'isoMode': 'automatic'}], 'msg': ''}
```

3.3.3 设置杠杆倍数 API

欧易设置杠杆倍数 API 参数见表 3-18。

表 3-18 欧易设置杠杆倍数 API 参数

参数名称	类型	是否是必需的	描述
instId	String	是	产品 ID,例如 BTC-USDT
lever	String	是	杠杆倍数
mgnMode	String	是	保证金模式,isolated 为逐仓;cross 为全仓

设置杠杆倍数,代码如下:

```python
# 文件名:okLeverage.py
from okx import Account
from env import getOkApiKey

apiKey, apiSecretKey, passphrase = getOkApiKey(
    "okTestKey", "okTestSecret", "passphrase"
)

# flag:0 为实盘;flag:1 为模拟盘
accountAPI = Account.AccountAPI(apiKey, apiSecretKey, passphrase, False, flag = "1")
# instId 为交易对,lever 为杠杆倍数,mgnMode 为逐仓模式
result = accountAPI.set_leverage(instId = "BTC - USDT", lever = "5", mgnMode = "isolated")
print(result)
# 返回结果
# {'code': '0', 'data': [{'instId': 'BTC - USDT', 'lever': '5', 'mgnMode': 'isolated', 'posSide': ''}], 'msg': ''}
```

3.3.4 获取深度信息 API

欧易的深度数据需要通过 WebSocket 的订阅方式获取,参数见表 3-19。

表 3-19 欧易获取深度信息 API 参数

参数名称	类型	是否是必需的	描述
op	String	是	操作,subscribe 为订阅;unsubscribe 为取消
args	Array	是	频道列表,可以包含若干频道

续表

参数名称	类型	是否是必需的	描述
＞channel	String	是	频道1,例如 books：深度数据；index-candle：K 线数据
＞instType	String	是	产品1类型,spot：币币；swap：永续合约

第1步,导入 SDK 的 WebSocket 公共数据模块,代码如下：

```
from okx.websocket.WsPublicAsync import WsPublicAsync
```

第2步,导入 Python 的异步 IO 框架和 json 模块,代码如下：

```
import asyncio
import json
```

第3步,创建公共数据的 WebSocket 连接,如果实盘和模拟盘的 URL 网址不同,则需要根据实际情况进行切换,我们的代码使用模拟盘的 URL,代码如下：

```
#模拟盘的链接
url = "wss://wspap.okex.com:8443/ws/v5/public?brokerId=9999"
#实盘的链接
#url = "wss://ws.okx.com:8443/ws/v5/business"
ws = WsPublicAsync(url=url)
await ws.start()
```

第4步,新建一个频道列表,然后创建一个频道名为 books 的深度数据频道,加入频道列表中,进行订阅操作,指定 publicCallback 函数来接收交易的深度数据的推送消息,代码如下：

```
#频道列表
args = []
#第1个频道:深度信息
arg1 = {"channel": "books", "instType": "SPOT", "instId": "BTC-USDT"}
#将第1个频道加到频道列表里
args.append(arg1)
#订阅,指定 publicCallback 函数来接收推送数据
await ws.subscribe(args, publicCallback)
```

第5步,创建接收推送数据的函数,并处理推送过来的数据,代码如下：

```
def publicCallback(message):
    msg = json.loads(message)
    print(msg)
```

接收的深度数据推送结果如图3-16所示。

第6步,交易所推送的数据是 JSON 字符串格式,需要使用 json 包的 json.loads 方法转换为字典数据,方便提取特定键值,代码如下：

```
def publicCallback(message):
    msg = json.loads(message)
```

```
        print("交易对",arg["instId"])
        data = msg.get("data")
        print("卖出订单",data["ask"])
        print("卖出订单",data["ask"])
```

```
{
    "arg": {
        "channel": "books", //频道名
        "instId": "BTC-USDT" //交易对
    },
    "data": [
        {
            "asks": [ //卖方深度
                [
                    "67679.3", //价格
                    "10.72036196", //数量
                    "0", //此字段无意义,已弃用
                    "1" //订单数量
                ]
            ],
            "bids": [ //买方深度
                [
                    "67000", //价格
                    "0.71676353", //数量
                    "0", //此字段无意义,已弃用
                    "66" //订单数量
                ]
            ],
            "ts": "1710481219102", //数据更新时间戳
            "checksum": -1786287861, //检验和
            "seqId": 554117113, //推送序列号
            "prevSeqId": 554117059 //上次推送序列号
        }
    ]
}
```

图 3-16 接收的深度数据推送结果

第 7 步,启动异步函数的方法,代码如下:

```
asyncio.run(main())
```

第 8 步,main 函数前面要加上 async 关键词,代码如下:

```
async def main():
```

第 9 步,在将 JOSN 数据转换为字典数据时,经常会出现找不到键值的错误,原因是推送数据是递增的,有时会缺少一些键值,从而导致程序出现异常错误,因此可以在代码中加入 try except 方式来捕捉异常,这样程序更加健壮,代码如下:

```
try:
    msg = json.loads(message)
    arg = msg.get("arg")
    # 判断键值是否存在
    if arg is not None and "instId" in arg:
        print(arg["instId"])
    data = msg.get("data")
    if data is not None:
```

```python
            if "ask" in data:
                print(data["ask"])
            if "bid" in data:
                print(data["bid"])
    except json.jsonDecodeError as e:
        print("JSON 解码错误:", e)
    except KeyError as e:
        print(f"键值错误: {e} - the key is not in the JSON structure")
```

完整的获取深度信息的代码如下:

```python
#文件名:okDepth.py
import asyncio
import json
from okx.websocket.WsPublicAsync import WsPublicAsync


def publicCallback(message):
    try:
        msg = json.loads(message)
        arg = msg.get("arg")
        if arg is not None and "instId" in arg:
            print("产品 ID", arg["instId"])

        data = msg.get("data")
        if data is not None:
            if "ask" in data:
                print("卖出订单", data["ask"])
            if "bid" in data:
                print("买入订单", data["bid"])
    except json.jsonDecodeError as e:
        print("JSON 解码错误:", e)
    except KeyError as e:
        print(f"键值错误: {e} - the key is not in the JSON structure")


async def main():
    #模拟盘 URL
    url = "wss://wspap.okex.com:8443/ws/v5/public?brokerId=9999"
    #实盘 URL
    # url = "wss://ws.okx.com:8443/ws/v5/business"
    ws = WsPublicAsync(url=url)
    await ws.start()
    args = []
    arg1 = {"channel": "books", "instType": "SPOT", "instId": "BTC-USDT"}
    args.append(arg1)
    await ws.subscribe(args, publicCallback)
    while True:
        await asyncio.sleep(1)
```

```
if __name__ == "__main__":
    asyncio.run(main())
```

3.3.5 获取 K 线数据 API

欧易的 K 线数据获取方式和获取深度数据的方式完全一样,不同之处是推送的数据不同。订阅 1 个 K 线频道,代码如下:

```
url = "wss://wsaws.okx.com:8443/ws/v5/business"
ws = WsPublicAsync(url = url)
await ws.start()
args = []
#产品 ID:BTC-USDT
arg1 = {"channel": "index-candle1m", "instType": "SPOT", "instId": "BTC-USDT"}
args.append(arg1)
await ws.subscribe(args, publicCallback)
```

K 线产品名为 index-candle,后面加上时间粒度 1m,表示推送时间的间隔是 1min,更多的时间粒度有[1m/3m/5m/15m/30m/1h/2h/4h],m 是分钟,h 是小时。

推送的 K 线数据如图 3-17 所示。

```
{
    "arg": {
        "channel": "index-candle1m", //频道名
        "instId": "BTC-USDT" //交易对
    },
    "data": [
        [
            "1710480600000", //开始时间,UNIX时间戳的毫秒数格式
            "67761.2", //开盘价格
            "67784.3", //最高价格
            "67731.7", //最低价格
            "67756.1", //收盘价格
            "0"
        ]
    ]
}
```

图 3-17 推送的 K 线数据

完整的获取 K 线数据的代码如下:

```
#文件名:okTicker.py
import asyncio
import json
from okx.websocket.WsPublicAsync import WsPublicAsync


def publicCallback(message):
    try:
        msg = json.loads(message)
        print("数据", msg)
        print("产品 ID", msg["arg"]["instId"])
```

```python
            print("开盘价",msg["data"][0][1])
            print("最高价",msg["data"][0][2])
            print("最低价",msg["data"][0][3])
            print("收盘价",msg["data"][0][4])
    except json.jsonDecodeError as e:
        print("JSON 解码错误:", e)
    except KeyError as e:
        print(f"键值错误: {e} - the key is not in the JSON structure")


async def main():
    # url = "wss://wspap.okx.com:8443/ws/v5/business?brokerId = 9999"
    url = "wss://wsaws.okx.com:8443/ws/v5/business"
    ws = WsPublicAsync(url = url)
    await ws.start()
    args = []
    arg1 = {"channel": "index-candle1m", "instType": "SPOT", "instId": "BTC-USDT"}
    args.append(arg1)
    arg2 = {"channel": "index-candle1m", "instType": "SPOT", "instId": "ETH-BTC"}
    args.append(arg2)
    arg3 = {"channel": "index-candle1m", "instType": "SPOT", "instId": "ETH-USDT"}
    args.append(arg3)
    await ws.subscribe(args, publicCallback)
    while True:
        await asyncio.sleep(1)


if __name__ == "__main__":
    asyncio.run(main())
```

3.3.6 币币市价下单 API

欧易的下单 API 只有一个,通过不同的参数组合,可以满足币币市价下单、币币限价下单、合约市价下单、合约限价下单等需求,下单 API 常用参数见表 3-20。

表 3-20 欧易下单 API 常用参数

参数名称	类型	是否是必需的	描述
instId	String	是	产品 ID,例如 BTC-USDT
tdMode	String	是	交易模式,isolated 为逐仓,cross 为全仓,cash 为非保证金
ccy	String	是	保证金币种
side	String	是	订单方向,buy 为买,sell 为卖
posSide	String	可选	持仓方向,long 为做多,short 为做空
ordType	String	是	订单类型,market 为市价单,limit 为限价单
sz	String	是	委托数量,单位是交易货币数量
px	String	是	委托价格

第 1 步，导入 SDK 的交易模块，代码如下：

```
from okx import Trade
```

第 2 步，用交易模块的 place_order 方法下币币市价单，币币下单的参数组合为 tdMode＝"cash"，ordType＝"market"，不用填 px 价格参数。

币币下单，交易方向是买入，代码如下：

```
result = tradeAPI.place_order(
    instId = "BTC-USDT",         #交易对
    tdMode = "cash",             #模式为币币交易
    side = "buy",                #买卖方向为买入
    ordType = "market",          #订单类型为市价单
    sz = "20",                   #下单数量,单位是 USDT
)
print("币币市价下单结果", result)
```

下单后返回的结果，如果 code 为 0，则代表下单成功，如图 3-18 所示。

```
{
    "code": "0", //0表示成功, 1表示失败
    "data": [
        {
            "clOrdId": "",
            "ordId": "689450614895210496", //订单ID
            "sCode": "0", //事件执行结果的code为0则代表下单成功
            "sMsg": "Order placed",
            "tag": ""
        }
    ],
    "inTime": "1710649835963703", //交易所网关接收请求时的时间戳
    "msg": "", //错误信息
    "outTime": "1710649835965446" //交易所网关发送响应时的时间戳
}
```

图 3-18　欧易币币下市价单结果

币币下单，交易方向是卖出，代码如下：

```
result2 = tradeAPI.place_order(
    instId = symbol,             #交易对
    tdMode = "cash",             #模式为币币交易
    side = "sell",               #交易方向为卖出
    ordType = "market",          #订单类型为市价单
    sz = fillSz,                 #下单数量,单位为 BTC
)
print("币币市价卖出下单结果", result2)
```

注意：如果交易方向是买入，则用 USDT 换 BTC，下单数量为 USDT，如果交易方向是卖出，则用 BTC 换 USDT，下单数量为 BTC。

欧易币币下市价单的完整代码如下：

```
#文件名:okNewSpotMarketOrd.py
from okx import Trade
from okx import Account
```

```python
from env import getOkApiKey

apiKey, apiSecretKey, passphrase = getOkApiKey(
    "okTestKey", "okTestSecret", "passphrase"
)


# 币币市价下单
def main(symbol, sz):
    accountAPI = Account.AccountAPI(apiKey, apiSecretKey, passphrase, False, flag = "1")
    acc = accountAPI.get_account_balance(ccy = "USDT")
    usdtBalance = float(acc["data"][0]["details"][0]["availBal"])
    print("USDT 余额:", usdtBalance)

    tradeAPI = Trade.TradeAPI(
        apiKey, apiSecretKey, passphrase, False, flag = "1"    # 0 为实盘,1 为模拟盘
    )

    result = tradeAPI.place_order(
        instId = symbol,                                        # 交易对
        tdMode = "cash",                                        # 模式为币币交易
        side = "buy",                                           # 买卖方向为买入
        ordType = "market",                                     # 订单类型为市价单
        sz = sz,                                                # 下单数量:20 个 USDT
    )
    print("币币市价买入下单结果", result)
    fillPx, fillSz = getOrd(symbol, result["data"][0]["ordId"])
    print("买入成交价格", fillPx, "成交数量", fillSz)

    result2 = tradeAPI.place_order(
        instId = symbol,                                        # 交易对
        tdMode = "cash",                                        # 模式为币币交易
        side = "sell",                                          # 买卖方向为卖出
        ordType = "market",                                     # 订单类型为市价单
        sz = fillSz,                                            # 下单数量,单位为 BTC
    )
    print("币币市价卖出下单结果", result2)
    fillPx, fillSz = getOrd(symbol, result2["data"][0]["ordId"])
    print("卖出成交价格", fillPx, "成交数量", fillSz)
    # 卖出成交价格为 69789.4,成交数量为 0.00028657

    acc2 = accountAPI.get_account_balance(ccy = "USDT")
    usdtBalance2 = float(acc2["data"][0]["details"][0]["availBal"])
    print("买卖后盈利:", usdtBalance2 - usdtBalance, "个 USDT")
    # 买卖后盈利: - 0.02002820535835781 个 USDT


# 获取订单信息
def getOrd(instId, orderId):
```

```python
    tradeAPI = Trade.TradeAPI(
        apiKey, apiSecretKey, passphrase, False, flag = "1"  # 0 为实盘,1 为模拟盘
    )
    result = tradeAPI.get_order(instId, orderId)
    print("获取订单信息", result)
    fillPx = 0                                              # 成交价
    fillSz = 0                                              # 成交数量
    for i in range(len(result["data"])):
        fillPx += float(result["data"][i]["fillPx"])        # 累计成交价
        fillSz += float(result["data"][i]["fillSz"])        # 累计成交数量
    return fillPx / len(result["data"]), fillSz


if __name__ == "__main__":
    # 下单 20 个 USDT
    main("BTC-USDT", 20)
```

3.3.7 币币限价下单 API

欧易币币限价下单的参数组合为 tdMode="cash",ordType="limit",px=委托价格。欧易币币下限价单的完整代码如下：

```python
# 文件名:okNewSpotLimitOrd.py
from okx import Trade
from env import getOkApiKey

apiKey, apiSecretKey, passphrase = getOkApiKey(
    "okTestKey", "okTestSecret", "passphrase"
)

# 币币限价下单
def main():
    tradeAPI = Trade.TradeAPI(
        apiKey, apiSecretKey, passphrase, False, flag = "1"     # 0 为实盘,1 为模拟盘
    )
    result = tradeAPI.place_order(
        instId = "BTC-USDT",                                    # 交易对
        tdMode = "cash",                                        # 币币交易
        side = "buy",                                           # 买入
        ordType = "limit",                                      # 限价
        sz = "0.01",                                            # 数量
        px = "60000",                                           # 委托价格
    )
    print("币币限价下单结果", result)


if __name__ == "__main__":
    main()
```

下单后返回的结果，如果 code 为 0，则代表下单成功，如图 3-19 所示。

```
{
    "code": "0",
    "data": [
        {
            "clOrdId": "",
            "ordId": "689470056458940416", //订单ID
            "sCode": "0",
            "sMsg": "Order placed",
            "tag": ""
        }
    ],
    "inTime": "1710654471195513",
    "msg": "",
    "outTime": "1710654471196251"
}
```

图 3-19　欧易币币下限价单结果

3.3.8　合约市价开仓和平仓 API

欧易合约开仓下单的参数组合比较复杂，新手经常因不知如何正确地选择参数组合，而导致开仓或平仓出错，开仓的参数组合为：做多 side ＝"buy" 并且 posSide＝"long"；做空 side ＝"sell"并且 posSide＝"short"。

市价开仓参数：ordType＝"market"；sz 参数的单位是张数，1 张＝0.001BTC；px 为委托价格，不填。

如果欧易交易对后面有 SWAP，则表示这是永续合约交易对，合约的市价开仓做多的代码如下：

```
result = tradeAPI.place_order(
    instId = "BTC-USDT-SWAP",       #交易对
    ccy = "USDT",                    #保证金币种
    tdMode = "isolated",             #模式为逐仓
    side = "buy",                    #交易方向为买入
    posSide = "long",                #持仓方向,long 为做多,short 为做空
    ordType = "market",              #订单类型为市价单
    sz = qty,                        #下单数量,单位是张数,1 张是 0.001 个 BTC
)
print("市价开仓做多结果", result)
```

合约的市价开仓做空的代码如下：

```
result = tradeAPI.place_order(
    instId = "BTC-USDT-SWAP",       #交易对
    ccy = "USDT",                    #保证金币种
    tdMode = "isolated",             #模式为逐仓
    side = "sell",                   #交易方向为卖出
    posSide = "short",               #持仓方向,long 为做多,short 为做空
    ordType = "market",              #订单类型为市价单
    sz = qty,                        #下单数量,单位为张数,1 张是 0.001 个 BTC
)
print("市价开仓做空结果", result)
```

刚看欧易 API 时会发现根本没有专门的平仓 API，后来才知道是用下单的 API 实现平仓，欧易合约平仓下单的参数组合为：平多 side＝"sell"，posSide＝"long"；平空 side＝"buy"，posSide＝"short"。

合约的平多代码如下：

```
result = tradeAPI.place_order(
    instId = "BTC-USDT-SWAP",      #交易对
    ccy = "USDT",                   #保证金币种
    tdMode = "isolated",            #模式为逐仓
    side = "sell",                  #平仓多单
    posSide = "long",               #持仓方向,long 为平多,short 为平空
    ordType = "market",             #订单类型为市价单
    sz = qty,                       #平仓数量
)
print("市价开仓平多结果", result)
```

合约的平空代码如下：

```
result = tradeAPI.place_order(
    instId = "BTC-USDT-SWAP",      #交易对
    ccy = "USDT",                   #保证金币种
    tdMode = "isolated",            #模式为逐仓
    side = "sell",                  #平仓多单
    posSide = "long",               #持仓方向,long 为平多,short 为平空
    ordType = "market",             #订单类型为市价单
    sz = qty,                       #平仓数量
)
print("市价开仓平空结果", result)
```

欧易合约市价开仓平仓的完整代码如下：

```
#文件名:okNewSwapMarketOrd.py
from okx import Trade
from env import getOkApiKey
import time

apiKey, apiSecretKey, passphrase = getOkApiKey(
    "okTestKey", "okTestSecret", "passphrase"
)
tradeAPI = Trade.TradeAPI(
    apiKey, apiSecretKey, passphrase, False, flag = "1"   #0 为实盘,1 为模拟盘
)


#市价开仓平多
def NewOrd(qty):
    result = tradeAPI.place_order(
        instId = "BTC-USDT-SWAP",                          #交易对
        ccy = "USDT",                                       #保证金币种
```

```python
        tdMode = "isolated",              # 模式为逐仓
        side = "buy",                     # 买卖方向为买入
        posSide = "long",                 # 持仓方向,long 为平多,short 为平空
        ordType = "market",               # 订单类型为市价单
        sz = qty,                         # 下单数量
    )
    print("市价开仓结果", result)


# 市价平仓平多
def CloseOrd(qty):
    result = tradeAPI.place_order(
        instId = "BTC-USDT-SWAP",         # 交易对
        ccy = "USDT",                     # 保证金币种
        tdMode = "isolated",              # 模式为逐仓
        side = "sell",                    # 买卖方向为卖出
        posSide = "long",                 # 持仓方向,long 为做多,short 为做空
        ordType = "market",               # 订单类型为市价单
        sz = qty,                         # 下单数量
    )
    print("市价开仓结果", result)


# 合约市价下单
def main():
    qty = "1"                             # 下单数量为张数
    NewOrd(qty)                           # 开仓
    time.sleep(20)                        # 休眠 20s
    CloseOrd(qty)                         # 平仓


if __name__ == "__main__":
    main()
```

3.3.9 合约限价开仓 API

限价开仓参数:ordType="limit",px 委托价格必填。需要注意的是,委托价格不能距离市场成交价过近,否则下单会失败。

合约的限价开仓做多的代码如下:

```python
result = tradeAPI.place_order(
    instId = instId,                      # 交易对
    ccy = "USDT",                         # 保证金币种
    tdMode = "isolated",                  # 模式为逐仓
    side = "buy",                         # 买卖方向为买入
    posSide = "long",                     # 持仓方向,long 为做多,short 为做空
    ordType = "limit",                    # 订单类型为市价单
```

```
        px = "63000",              # 委托价格
        sz = qty,                  # 下单数量
)
print("限价做多结果", result)
```

3.3.10 合约止盈止损单 API

欧易的合约止盈止损单,需要在开仓后才可下单,合约的止盈止损单参数见表3-21。

表 3-21 欧易合约的止盈止损单参数

参数名称	类型	是否是必需的	描述
tpTriggerPx	String	是	止盈触发价格
tpOrdPx	String	是	止盈价格
tpTriggerPxType	String	是	止盈触发价类型:last 为最新价格,index 为指数价格,mark 为标记价格
slTriggerPx	String	是	止损触发价格
slOrdPx	String	是	止损价格
slTriggerPxType	String	是	止损触发价类型:last 为最新价格,index 为指数价格,mark 为标记价格

合约的止盈止损单的代码如下:

```
result = tradeAPI.place_order(
        instId = instId,
        tdMode = "isolated",
        side = "buy",
        posSide = "long",
        ordType = "limit",
        sz = qty,                      # 数量
        px = "63100.0",
        # attachAlgoOrds = arr
        tpTriggerPx = "63110.0",       # 触发价格
        tpOrdPx = "64000.0",           # 止盈价格
        tpTriggerPxType = "last",      # 止盈触发价类型:last 为最新价格,index 为指数价格,mark 为标
                                       # 记价格
        slTriggerPx = "63000.0",       # 触发价格
        slOrdPx = "62000.0",           # 止损价格
        slTriggerPxType = "last",      # 止损触发价类型:last 为最新价格,index 为指数价格,mark 为标
                                       # 记价格
)
print("止盈单结果", result)
```

3.3.11 查询订单信息 API

下单后并不能马上得到订单的完整数据,需要通过这个查询订单 API 再次查询,才可以获得开仓平均价格、订单成交状态等订单详细信息,查询订单信息的参数见表 3-22。

表 3-22 欧易查询订单信息的参数

参数名称	类型	是否是必需的	描述
instId	String	是	币种，例如 USDT-BTC-SWAP
orderId	String	是	订单 ID

查询订单详情，代码如下：

```
result = tradeAPI.get_order("BTC-USDT-SWAP", "689808341957931012")
print("获取订单信息", result)
```

订单详细数据，如图 3-20 所示。

```
{
    "code": "0",
    "data": [
        {
            "accFillSz": "0",
            "avgPx": "", //成交均价
            "ccy": "",
            "feeCcy": "USDT",
            "instId": "BTC-USDT-SWAP",
            "instType": "SWAP", //产品类型，SWAP为合约，SPOT为币币
            "lever": "3", //杠杆倍数
            "ordId": "689808341957931012", //订单ID
            "ordType": "limit", //订单类型，limit为限价，market为市价
            "posSide": "long", //持仓方向
            "px": "63000", //委托价格
            "reduceOnly": "false",
            "side": "buy", //买卖方向
            "slOrdPx": "",
            "slTriggerPx": "", //止损触发价
            "slTriggerPxType": "", //止损触发价类型,last: 最新价格;index: 指数价格;mark: 标记价格
            "tpTriggerPx":"", //止盈触发价
            "tpTriggerPxType": "", //止盈触发价类型,last: 最新价格;index: 指数价格;mark: 标记价格
            "state": "live", //订单状态，canceled: 撤单成功；live: 等待成交；artially_filled: 部分成交；filled: 完全成交
            "sz": "10", //下单数量
            "tdMode": "isolated", //全仓或逐仓，isolated为逐仓
            "uTime": "1710735124742"
        }
    ],
    "msg": ""
}
```

图 3-20 欧易查询订单结果

3.3.12 取消订单 API

取消订单 API，可以取消未成交的委托订单，取消订单的参数见表 3-23。

表 3-23 欧易取消订单的参数

参数名称	类型	是否是必需的	描述
instId	String	是	币种，例如 USDT-BTC-SWAP
orderId	String	是	订单 ID

取消订单代码如下：

```
result = tradeAPI.cancel_order("BTC-USDT-SWAP", "689808341957931012")
print("取消订单结果", result)
```

3.3.13 应用示例

综合应用前面介绍过的开仓、下单、查询订单、取消订单的 API。

程序的基本逻辑：下一个合约的限价单，也就是限价开仓，委托价格是 63000，数量为 10，买卖方向为买入，持仓方向为做多，杠杆倍数为 3。开仓后查询订单状态，如果状态为 live，获取状态的方法 ordInfo["data"][0]["state"]，则使用 Python 的 time.sleep(10) 方法，休眠 10s，10s 后取消订单。最后下一个止盈订单，查询订单详情如图 3-21 所示。

```
{
    "code": "0",
    "data": [
        {
            "accFillSz": "0",
            "cTime": "1716961201942",
            "fee": "0",
            "feeCcy": "USDT",
            "instId": "BTC-USDT-SWAP", //交易对
            "instType": "SWAP",
            "lever": "3",
            "ordId": "1491789846590246912", //订单ID
            "ordType": "limit", //订单类型
            "posSide": "long", //持仓方向
            "px": "63000", //价格
            "state": "live", //订单状态
            "sz": "10", //数量
            "tdMode": "isolated",
            "uTime": "1716961201942"
        }
    ],
    "msg": ""
}
```

图 3-21 查询合约订单结果

示例代码如下：

```python
# 文件名:okNewSwapLimitOrd.py
from okx import Trade
from env import getOkApiKey
import time

apiKey, apiSecretKey, passphrase = getOkApiKey(
    "okTestKey", "okTestSecret", "passphrase"
)
tradeAPI = Trade.TradeAPI(
    apiKey, apiSecretKey, passphrase, False, flag = "1"    # 0 为实盘,1 为模拟盘
)

# 限价开仓
def newOrd(instId, qty):
    result = tradeAPI.place_order(
```

```python
        instId = instId,                    # 交易对
        ccy = "USDT",                       # 保证金币种
        tdMode = "isolated",                # 模式为逐仓
        side = "buy",                       # 买卖方向为买入
        posSide = "long",                   # 持仓方向,long 为做多,short 为做空
        ordType = "limit",                  # 订单类型为市价单
        px = "63000",                       # 委托价格
        sz = qty,                           # 下单数量
    )
    print("下限价单结果", result)
    return result

# 止盈单
def newProfitStoplossOrd(instId, qty):
    result = tradeAPI.place_order(
        instId = instId,
        tdMode = "isolated",                # 逐仓
        side = "buy",                       # 买入
        posSide = "long",                   # 做多
        ordType = "limit",                  # 限价单
        sz = qty,                           # 数量
        px = "63100.0",
        # attachAlgoOrds = arr
        tpTriggerPx = "63110.0",            # 触发价格
        tpOrdPx = "64000.0",                # 止盈价格
        # 止盈触发价类型:last 为最新价格,index 为指数价格,mark 为标记价格
        tpTriggerPxType = "last",
        slTriggerPx = "63000.0",            # 触发价格
        slOrdPx = "62000.0",                # 止损价格
        # 止损触发价类型:last 为最新价格,index 为指数价格,mark 为标记价格
        slTriggerPxType = "last",
    )
    print("止盈单结果", result)
    return result


# 获取订单信息
def getOrd(instId, orderId):
    result = tradeAPI.get_order(instId, orderId)
    print("获取订单信息", result)
    return result

# 取消订单
def cancelOrd(instId, orderId):
    result = tradeAPI.cancel_order(instId, orderId)
    print("取消订单结果", result)
    return result

# 合约限价下单
```

```python
def main():
    instId = "BTC-USDT-SWAP"              # 交易对
    qty = "10"                            # 下单数量 10 个 USDT
    result = newOrd(instId, qty)
    data = result["data"]
    if len(data) > 0:
        orderId = data[0]["ordId"]
        ordInfo = getOrd(instId, orderId)
        print("订单详情", ordInfo)
        if len(ordInfo["data"]) > 0:
            state = ordInfo["data"][0]["state"]
            print("订单状态", state)
            if state == "live":
                time.sleep(10)                    # 休眠 10s
                res = cancelOrd(instId, orderId)  # 取消订单
                print(res)

        # canceled:撤单成功;live:等待成交;partially_filled:部分成交;filled:完全成交
    # 止盈订单
    newProfitStoplossOrd(instId,qty)

if __name__ == "__main__":
    main()
```

实战操作篇

第 4 章 Python 编程基础

4.1 Python 简介

Python 是一种脚本语言,优点是简单易学,应用范围广,主要应用领域是人工智能、量化交易、系统运维等。

4.2 Python 安装

从 Python 的官方网站下载计算机系统对应的二进制安装包,Windows 系统下载 Windows 版,如图 4-1 所示。

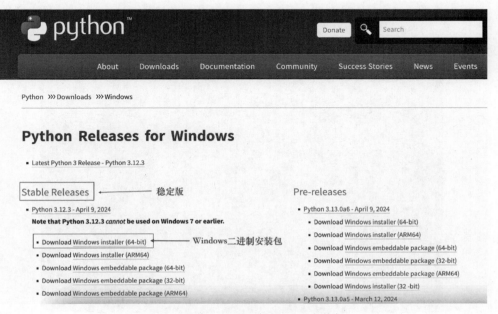

图 4-1 下载 Windows 版 Python 安装包

下载 macOS 版 Python 安装包如图 4-2 所示。

图 4-2　下载 macOS 版 Python 安装包

4.3　Python 集成开发环境

集成开发环境（Integrated Development Environment，IDE）是用于提供程序开发环境的应用程序，包括带有图形用户界面代码的编辑器、编译器、调试器等工具。

目前主流的 Python IDE 有两个，第 1 个是 PyCharm，由 JetBrains 出品，有收费的专业版（Professional）和免费的社区版（Community Edition），PyCharm 使用时偶尔会有卡顿的情况，下载页面如图 4-3 所示。

图 4-3　下载 PyCharm 安装包

第 2 个是 Visual Studio Code，简称 VS Code，由微软公司出品，支持目前大多数编程语言，主要特点：运行流畅、支持代码格式化、代码补全、AI 代码生成等功能，插件丰富，推荐大家使用这个 IDE 来编写 Python 代码。VS Code 下载页面如图 4-4 所示。

图 4-4　VS Code 下载页面

在 VS Code 中安装支持 Python 语言的插件，如图 4-5 所示。

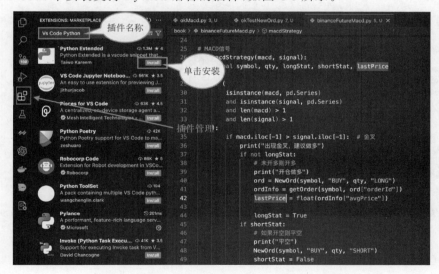

图 4-5　在 VS Code 中安装支持 Python 语言的插件

4.4　Python 包管理工具 pip 用法

pip 是 Python 的包管理工具，该工具提供了包的查找、下载、卸载等功能，需要用到的第三方库需要通过 pip 来安装。在命令行窗口输入的安装指令如下：

```
#pip install 包名称
#例如安装 Pandas 的指令
pip install pandas
```

列出已安装的包,命令如下:

```
pip list
```

运行结果如图 4-6 所示。

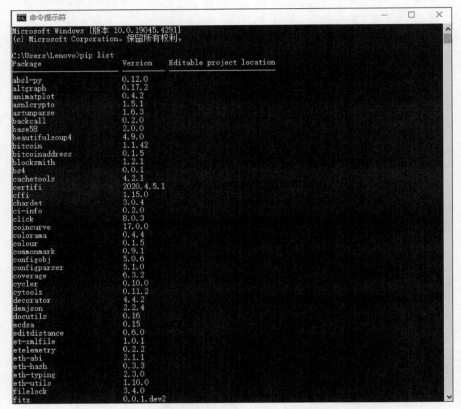

图 4-6　显示已安装包的列表

卸载已安装的包的指令如下:

```
pip uninstall pandas
```

4.5　Python 基本语法

Python 的每一行就是一条语句。

Python 没有花括号,靠缩进来表示代码块的包含关系,代码如下:

```
if a > b:
    print(f"a = {a},a 大")
else:
    print(f"b = {b},b 大")
```

对比一下 C 语言实现同样逻辑的代码,代码如下:

```
if (a > b)
{
    printf("a = %d,a 大 \n",a);
}
else
{
    printf("b = %d,b 大 \n",b);
}
```

对比发现:Python 行尾无须分号,Python 语法更加简洁。

4.5.1　Python 的变量和数据类型

Python 的变量无须声明,变量名必须是字母、单下画线、双下画线开头,变量后面的字符可以是字母、数字、下画线,变量需要通过"="符号来赋值,代码如下:

```
#整型变量
qty = 100
#浮点型数据
price = 3010.2
#字符型变量
symbol = "BTCUSDT"
```

通过打印语句,可以打印出变量的值,代码如下:

```
print(qty,price,symbol)
```

运行结果如下:

```
100 3010.2 BTCUSDT
```

打印多个值语句,代码如下:

```
print("主流数字币有","BTC","ETH","LTC")
```

运行结果如下:

```
主流数字币有 BTC ETH LTC
```

打印包含变量的语句,首先要在字符串前面加上 f,然后在字符串内用花括号把变量括起来,代码如下:

```
btcPrice = 65000
ethPrice = 3100
print(f"BTC 价格 = {btcPrice},ETH 价格 = {ethPrice}")
```

运行结果如下：

```
BTC 价格 = 65000,ETH 价格 = 3100
```

Python 常用的数据类型有 Number(数值类型)、String(字符串)、Bool(布尔类型)、列表(List)、字典(Dictionary)。

数值类型包括 int(整型)、float(浮点型)。

数值型数据的示例代码如下：

```
# 整型数据,可进行加、减、乘、除运算
amount = 100
amount = 100 + 200      # 此时 amount 的值为 300
# 浮点型数据,可进行加、减、乘、除运算
price = 3010.2
price = price * 2       # 此时 price 的值为 6020.4
```

字符串数据的代码如下：

```
# 字符串数据,可进行求长度,连接,分割操作
symbol = "BTC-USDT"
```

这个字符串的索引如图 4-7 所示。

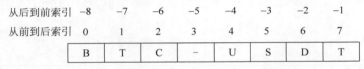

图 4-7　字符串的索引

取该字符串的前 3 位字符,代码如下：

```
# 交易对是字符串型数据
symbol = "BTC-USDT"
# 取前3个字符,作为基准币,0:3 表示从索引0到索引3之间的字符,但不包含索引3的字符
baseCurrency = symbol[0:3]
print("基准币是",baseCurrency )
# 运行结果
# 基准币是 BTC

# 取后4位字符,作为计价币,-4:表示索引-4到最后一位的所有字符
quoteCurrency = symbol[-4:]
print("计价币是",quoteCurrency)
# 运行结果
# 计价币是 USDT
```

布尔型数据只有两个值：True(真)和 False(假),示例代码如下：

```
print(1 < 2)
# 运行结果:True

print(1 == 2)
# 运行结果:False
```

4.5.2　Python 数据类型转换

从交易所 API 获取的数据一般是字符型的,当需要对数据进行加、减、乘、除运算时,就必须把字符型数据转换为数值型数据,字符型数据转整型用 int 方法,字符型数据转浮点数用 float 方法,示例代码如下:

```
#订单状态
code = "0"
code2 = int(code)                #字符型数据转整型用 int
print(code2)
#运行结果
#0

#交易所 API 获取的字符型币价
price = "65000.12"
price2 = float(price)            #字符型数据转浮点数用 float,值为 65000.12

#计算获利价格,在 price 基础上加价差 600.0 作为盈利价格
profit = price2 + 600.0
print("能盈利的价格是",profit)
#运行结果
#能盈利的价格是 65600.12
```

4.5.3　Python 的注释

注释语句,行首是#,表示此行后面的内容不会被执行,仅仅起到注释作用,代码如下:

```
#print("此文字不会被打印")
```

4.5.4　Python 的运算符

算术运算符,示例代码如下:

```
#运算符:加(+)、减(-)、乘(*)、除(/)
print(4+3*2/2)
#运行结果:7.0

#运算符:求余(%)
print(5%2)
#运行结果:1

#运算符:乘方(**)
print(5**2)          #5 的 2 次方
#运行结果:25

#四舍五入保留几位小数
```

```
pi = 3.1415926
print("保留 3 位小数",round(pi,3))
# 运行结果:保留 3 位小数 3.142
```

逻辑运算符示例代码如下:

```
# 运算符:等于( == )、不等于(!= )、大于(>)、小于(<)、大于或等于(> = )、小于或等于(< = )

print(1 == 1)
# 运行结果:True

print(1 > 1)
# 运行结果:False
```

赋值运算符示例代码如下:

```
# 运算符:赋值( = )、加等于( += )、减等于( -= )、乘等于( * = )、除等于(\ = )
stopPrice = 53000.1              # 把 53000.1 值赋给 stopPrice 变量
print(stopPrice)
# 运行结果:53000.1

stopPrice += 500                 # 在原来值的基础上再加 500
print(stopPrice)
# 运行结果:53500.1

stopPrice -= 100                 # 在原来值的基础上再减去 100
print(stopPrice)
# 运行结果:53400.1

stopPrice * = 10                 # 在原来值的基础上再乘以 10
print(stopPrice)
# 运行结果:5340001.0
```

4.5.5 Python 的列表

列表就是一组 N 个数据的集合,每个数据有一个索引,索引值从 0 开始到 $N-1$,访问其中某个数据,从列表中取对应的索引值即可。Python 的列表在其他编程语言里叫数组。

这里有个交易对列表,示例代码如下:

```
# 交易对列表
symbolList = ["BTCUSDT","ETHUSDT","LTCUSDT","BNBUSDT","TRXUSDT"]

# 取列表的第 1 个元素
print("第 1 个元素",symbolList[0])
# 运行结果:第 1 个元素 BTCUSDT

print("最后一个元素",symbolList[-1])
# 运行结果:最后一个元素 TRXUSDT
```

```
print("取前 3 个元素",symbolList[0:3])
#运行结果:取前 3 个元素 ['BTCUSDT', 'ETHUSDT', 'LTCUSDT']

#追加元素
symbolList.append("EOSUSDT")

#len 方法可以统计列表中元素的数量
print("元素个数",len(symbolList))
#运行结果:6
```

用 for 循环语句遍历列表,示例代码如下:

```
#交易对列表
for symbol in symbolList:
    print("交易对名称",symbol)

#运行结果
交易对名称 BTCUSDT
交易对名称 ETHUSDT
交易对名称 LTCUSDT
交易对名称 BNBUSDT
交易对名称 TRXUSDT
交易对名称 EOSUSDT
```

4.5.6 Python 的字典数据

Python 的字典数据是一种 Key:Value 数据,也叫键-值对数据。Key 是不会重复的,取值数据时通过对应的 Key 来取,示例代码如下:

```
#K 线字典数据
klineData = {
    "symbol": "BTCUSDT",
    "open": 65433.5,
    "close": 65401.23,
    "high": 65549.01,
    "low": 65400.2,
}

#取交易对名称
print("交易对",klineData["symbol"])
#运行结果:交易对 BTCUSDT

#取开盘价
print("开盘价",klineData["open"])
#运行结果:开盘价 65433.5

#取收盘价
print("收盘价",klineData["close"])
#运行结果:收盘价 65401.23
```

```
# 取最高价
print("最高价",klineData["high"])
# 运行结果:最高价 65549.01

# 取最低价
print("最低价",klineData["low"])
# 运行结果:最低价 65400.2

# 增加一个键值 time
klineData["time"] = 1716963805
print("时间戳",klineData["time"])
# 运行结果:时间戳 1716963805
```

4.5.7　Python 的条件控制

通过 if 语句可以根据一个条件来控制代码块是否被执行,示例代码如下:

```
# 当前 btc 价格
btc = 64300.67
# 当前 eth 价格
eth = 3102.1

if btc >= 60000 and eth >= 3000:
    print("币价过高,处于高风险状态")
elif btc >= 60000 and eth < 3000:
    print("eth 还有上涨空间")
elif btc < 60000 and eth >= 3000:
    print("btc 还有上涨空间")
else:
    print("币价较低,可以进入")
```

4.5.8　Python 的循环语句

Python 的循环语句主要有 while 和 for 两种,while 循环语句能按一定条件重新执行一个代码块里的语句,直到不满足条件才结束。

while 循环语句的结构如下:

```
while 循环条件:
    循环体代码块
```

示例代码如下:

```
# 当前价格
stopPrice = 64300
print("开始循环")
while True:
    print("当前价格",stopPrice)
```

```
        stopPrice -= 100
        if stopPrice < 64000:
            # 退出循环
            break
print("程序运行结束")

# 运行结果
开始循环
当前价格 64300
当前价格 64200
当前价格 64100
当前价格 64000
程序运行结束
```

for 循环语句的结构如下：

```
for 变量 in 集合:
    循环体代码块
```

示例代码如下：

```
# K 线列表数据，这里的 K 线数据是列表里嵌套了字典数据，
# 列表中每个元素都是一个字典数据
klineData = [
    {"symbol": "BTCUSDT", "price": 63400.1, "time": 1713339286},
    {"symbol": "BTCUSDT", "price": 63410.5, "time": 1713339312},
    {"symbol": "BTCUSDT", "price": 63409.2, "time": 1713339378},
    {"symbol": "BTCUSDT", "price": 63411.4, "time": 1713339399},
    {"symbol": "BTCUSDT", "price": 63420.0, "time": 1713339412},
]


for data in klineData:
    # data 就是列表中的一个元素，是字典数据
    # 取字典的交易对键值
    symbol = data["symbol"]
    # 取字典的价格键值
    price = data["price"]
    print(f"交易对 = {symbol},价格 = {price}")

# 运行结果
交易对 = BTCUSDT,价格 = 63400.1
交易对 = BTCUSDT,价格 = 63410.5
交易对 = BTCUSDT,价格 = 63409.2
交易对 = BTCUSDT,价格 = 63411.4
交易对 = BTCUSDT,价格 = 63420.0
```

4.5.9 Python 的函数

Python 的函数是把若干行语句功能封装起来，起一个名字，也就是函数名，在需要实现代码块功能的地方调用这个函数名即可。这样做能实现程序的模块化，能提高代码的复

用性。

函数有内建的,例如 print 就是一个将变量值打印到终端窗口的函数,round 是一个用于取整的函数、abs 是一个计算绝对值的函数等。

函数还有自定义的,需要编程人员根据自己业务的需要自行定义。函数的结构如下:

```
def 函数名(参数列表):
    函数体
```

def 是函数定义的关键字,后面的函数名和变量一样,必须以字母、下画线开头。函数可以有一个或多个返回值,也可以没有返回值,函数返回值的关键字是 return。这里给出一个没有传入参数的示例,代码如下:

```
#定义计算利润的函数,返回利润值
#此函数没有传入参数
def getProfit():
    #买入价
    buyPrice = 56300
    #卖出价
    sellPrice = 57000
    #手续费0.1%
    fee = 0.001
    #计算价差并扣除手续费
    profit = sellPrice - buyPrice - sellPrice * fee
    return profit


#调用函数
profit2 = getProfit()
print("利润",profit2)

#运行结果
利润 643.0
```

下面再给出一个有传入参数的示例,通过参数列表,传入 buyPrice 和 sellPrice,代码如下:

```
#计算利润的函数,返回利润值
def getProfit(buyPrice,sellPrice):
    #此时 buyPrice 的传入值是 56 300
    #buyPrice 的传入值是 57 000
    #手续费0.1%
    fee = 0.001
    #计算价差并扣除手续费
    profit = sellPrice - buyPrice - sellPrice * fee
    return profit


#调用函数,在括号中传入参数
profit2 = getProfit(56300,57000)
```

```
print("利润",profit2)

# 运行结果
利润 643.0
```

函数使用函数外的变量,也叫全局变量,需要在函数内使用 global 来定义外部公共变量,定义后就能在函数内对这个公共变量值进行修改了,代码如下:

```
# 全局变量
profit = 0
# 计算利润的函数,返回利润值
def getProfit(buyPrice,sellPrice):
    # 定义这个外部公共变量
    global profit
    # 此时 buyPrice 的传入值是 56300
    # buyPrice 的传入值是 57000
    # 手续费 0.1%
    fee = 0.001
    # 修改全局变量
    profit = sellPrice - buyPrice - sellPrice * fee

# 调用函数,在括号中传入参数
getProfit(56300,57000)
# 打印全局变量 profit
print("利润",profit)

# 运行结果
利润 643.0
```

4.5.10 Python 的命令行参数

程序中用到的参数,如果写在代码中,当需要改变参数值时,就要修改源代码,如果希望能从外部传入参数,无须再次修改源代码,那就需要使用命令行参数。使用命令行参数,需要在程序的开头位置导入 argparse 包,这是专门用来处理命令行传参数的包,指令如下:

```
import argparse
```

下面定义两个命令行参数,分别是交易对 symbol 和下单数量 qty,--表示长参数,-表示短参数,示例代码如下:

```
# 文件名:testArg.py
parser = argparse.ArgumentParser(description = "命令行参数")
# -- symbol 是长参数格式,- s 是短参数格式,required = True 表示此参数必须输入
parser.add_argument("-- symbol", "- s", type = str, help = "交易对", required = True)
parser.add_argument("-- qty", "- q", type = str, help = "下单数量", required = True)
args = vars(parser.parse_args())
# 获取所有参数
for key in args:
```

```
    if key == "symbol":
        symbol = args[key]
        print("从命令行获得了 symbol 的值",symbol)
    elif key == "qty":
        qty = args[key]
        print("从命令行获得了 qty 的值",qty)
```

从命令行下运行程序,并传入长参数,如图 4-8 所示。

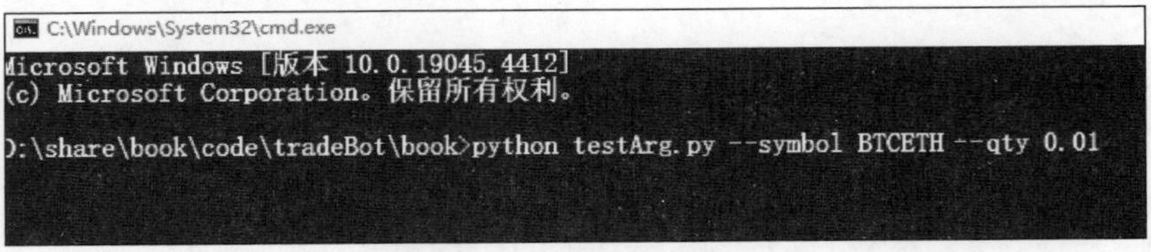

图 4-8 命令行传长参数

获取长参数,运行结果如图 4-9 所示。

图 4-9 命令行传长参数结果

从命令行下运行程序,并传入短参数,如图 4-10 所示。

图 4-10 命令行传短参数

获取短参数,运行结果如图 4-11 所示。

图 4-11 命令行传短参数结果

4.5.11 捕捉异常

Python 运行时,如果中间出现错误,则程序会中止运行,不会继续运行后面的语句。例如下面程序的第 3 句有错误,浮点型数据不能和字符型数据直接运算,程序运行到这

里就会显示报错信息,然后中止运行,代码如下:

```
binanceUsdtQty = 1.5
okxUsdtQty = "1.5"
print("币安 + 欧易的 USDT 总余额", binanceUsdtQty + okxUsdtQty)
print(" ===== 程序结束 ===== ")
```

报错信息如下:

```
TypeError: unsupported operand type(s) for + : 'float' and 'str'
```

程序无法运行最后一句。

如果想显示错误原因,并且能继续运行后面的语句,则需要加上 try/except 语句来捕捉和处理异常,以使程序继续运行,代码如下:

```
try:
    binanceUsdtQty = 1.5
    okxUsdtQty = "1.5"
    print("币安 + 欧易的 USDT 总余额", binanceUsdtQty + okxUsdtQty)
except Exception as e:
    print(f"程序出错:{e}")
print(" ===== 程序结束 ===== ")
```

程序运行结果如下:

```
TypeError: unsupported operand type(s) for + : 'float' and 'str'
 ===== 程序结束 =====
```

可以看到,程序捕捉到错误,并且能继续运行后面的语句,因此,如果在运行程序中有循环、网络请求功能部分,就加上捕捉异常,这样能保证程序可以持续运行,使程序更加健壮。

4.5.12　Python 的异步编程

之前演示的代码都是同步方式的,同步方式的特点是,语句要按顺序一行一行地运行,一行语句没有运行完,下一行语句是不能开始运行的,必须等前面一行语句运行完,同步方式的代码编写比较简单,但速度明显慢。如果当前语句和前面一行语句同时运行,就可以大大提高运行速度。

先看同步方式的代码,程序里有两个任务,一个是函数 taskA,另一个是函数 taskB,每个任务耗时 10s,两个任务按顺序执行完,耗时 20s,示例代码如下:

```
import time

# 当前时间戳,1713342339.2257404
start = time.time()

def takeTime():
    # 时间戳的单位为秒
    t = int(time.time() - start)
```

```
        return f"{t}秒"

def taskA():
    print("运行任务 A")
    time.sleep(10)


def taskB():
    print("运行任务 B")
    time.sleep(10)


taskA()
taskB()
print(f"任务结束!耗时{takeTime()}")
# 运行结果
# 任务结束!耗时 20s
```

再看异步方式的代码,异步方式函数最前面要加上 async 关键字,程序里也有两个任务,一个是函数 taskA,另一个是函数 taskB,每个任务耗时 10s,异步方式下两个任务并发执行,程序总耗时只有 10s,异步方式的效率明显提高了,示例代码如下:

```
import asyncio
import time

# 当前时间戳,1713342339.2257404
start = time.time()

def takeTime():
    # 时间戳的单位为秒
    t = int(time.time() - start)
    return f"{t}秒"

async def taskA():
    print("运行任务 A")
    await asyncio.sleep(10)


async def taskB():
    print("运行任务 B")
    await asyncio.sleep(10)

async def taskExect():
    tasks = [taskA(),taskB()]
    await asyncio.gather(*tasks)
    print(f"任务结束!耗时{takeTime()}")

asyncio.run(taskExect())

# 运行结果
# 任务结束!耗时 10s
```

第 5 章 云服务器的配置和使用

5.1 云服务器简介

币安、欧易等交易所的私有 API 都需要绑定 IP 地址才可使用,绑定方法在 3.3 节有介绍,家庭宽带的 IP 地址是经常变化的,使用代理地址也不很稳定,最好的方式是购买有独立 IP 地址的云主机。

云主机需要选择在国外的主机,可以选择亚马逊云平台(Amazon AWS EC2)、谷歌云平台(Google Cloud Platform)、微软的 Azure 主机、阿里云国际等,这些云平台在全球都有服务器部署。如果要使用币安平台,则不要选择美国 IP 的服务器,因为美国政府禁止币安在美开展业务。尽量选择新加坡 IP、日本 IP 的主机。

有了云服务器后,需要指定云服务器的操作系统,建议选择最新版的 Ubuntu,Ubuntu 是 Linux 的一个发行版本,此外 CentOS 也是 Linux 流行的一个发行版本,也可以选择。无论是 Ubuntu 还是 CentOS,创建主机后,系统就自带 Python 运行环境了,无须再下载并安装 Python,可以直接运行自己编写的 Python 程序。

本书的 Python 程序运行环境:服务器使用的是微软的 Azure 主机,操作系统是 Ubuntu Server 22.04 LTS,1CPU,1GB 内存,Python 版本 3.10.12。

5.2 亚马逊 AWS EC2 主机申请

阿里云主机是先付费后使用,Google Cloud 可以免费试用 3 个月、微软的 Azure 主机有一年试用期、亚马逊的 AWS EC2 主机新用户可以免费试用一年,下面我们讲解如何申请和配置 AWS EC2 主机。

(1) 登录亚马逊 AWS 官方网站,进行注册,注册时需要邮箱和信用卡,注册成功后会先扣除 1 美元来验证信用卡,几天后再退回。

(2) 注册后选择不同等级的服务,例如选择 Free 计划,如图 5-1 所示。

(3) AWS 主机遍布全球,主机位置建议选择新加坡或东京,如图 5-2 所示。

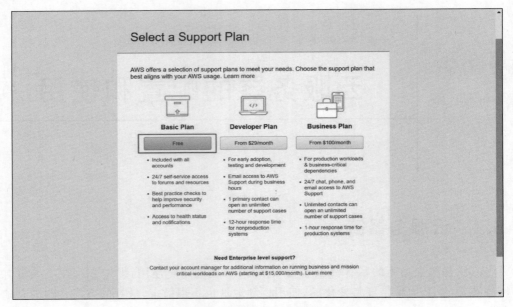

图 5-1 选择 AWS 服务等级

图 5-2 选择 AWS 主机的区域

（4）选择 EC2 服务，创建云主机，如图 5-3 所示。

（5）进入 EC2 主控制台，单击 Launch Instance 按钮，启动实例，AWS 中的实例就是云主机的意思，如图 5-4 所示。

（6）选择主机的操作系统，建议大家选择 Ubuntu 系统，版本选择 22 或 20，如图 5-5

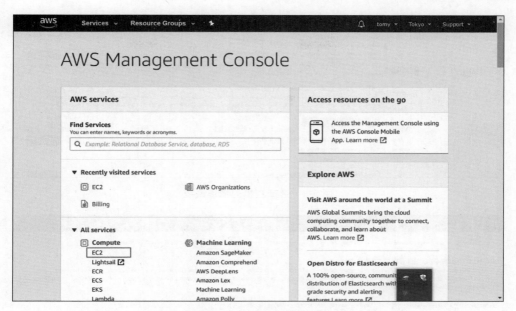

图 5-3　选择 EC2 服务

图 5-4　启动实例

所示。

（7）选择主机的规格，带有 Free tier eligible 绿色标签提醒的是免费的规格，其他规格是要收费的，如图 5-6 所示。

（8）下面需要设置安全组，也就是设置主机的防火墙，确定主机对外开放的服务和端口

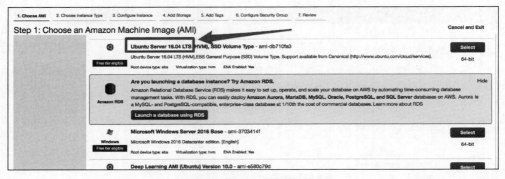

图 5-5　选择主机的操作系统

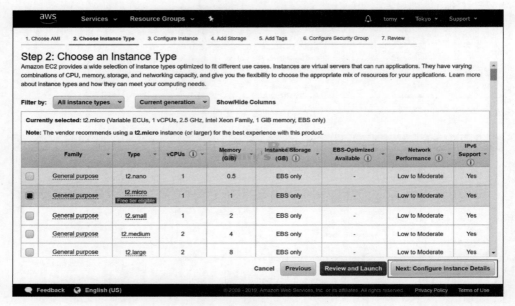

图 5-6　选择主机的规格

号，安全组中的端口会对外开放，没有出现在安全组的端口则外界无法访问。

如果主机需要用到网站 Web 服务，则需要开放 80 和 443 端口，本书讲到的编写交易程序完全不用 Web 服务，只需开放一个 SSH 登录服务器的 22 号端口，如图 5-7 所示。

（9）至此云主机的配置完成，看一下主机的详情信息，记录主机的 IP 地址。把这个地址写到交易所 API 设置页面中的 IP 白名单中（见 2.3 节），如图 5-8 所示。

（10）登录主机使用 SSH 方式，需要创建一个密钥对，务必保存好这个密钥对文件，一台主机只能创建一次，如图 5-9 所示。

（11）生成的密钥对文件是一个以 pem 为扩展名的文件，把这个文件复制到计算机 C 盘的用户目录，在其他位置用密钥对登录会报权限错误，首先打开 C 盘，找到"用户"文件夹，如图 5-10 所示。

图 5-7　主机的防火墙设置

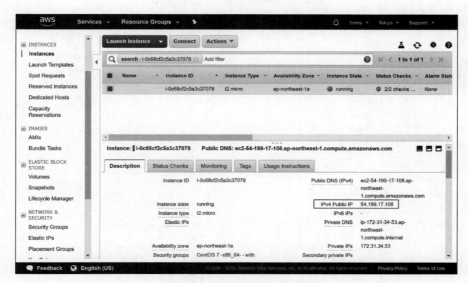

图 5-8　查看主机的 IP 地址

（12）找到计算机中的用户名目录，如图 5-11 所示。

（13）把密钥文件复制到这个目录，如图 5-12 所示。

（14）打开命令行窗口，单击 Windows 窗口最下面的任务栏中的搜索图标，输入 cmd，然后选择"命令行提示符系统"，如图 5-13 所示。

（15）SSH 登录云主机的命令格式：ssh -i 密钥对文件名 ubuntu@IP 地址，如图 5-14 所示。

（16）SSH 登录成功界面如图 5-15 所示。

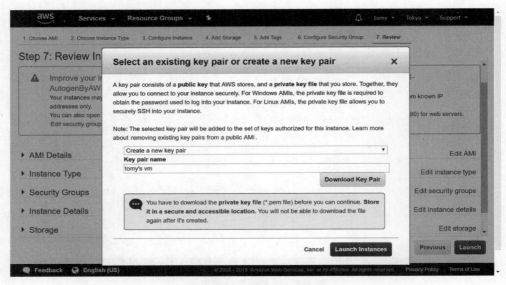

图 5-9 创建登录主机用的密钥对

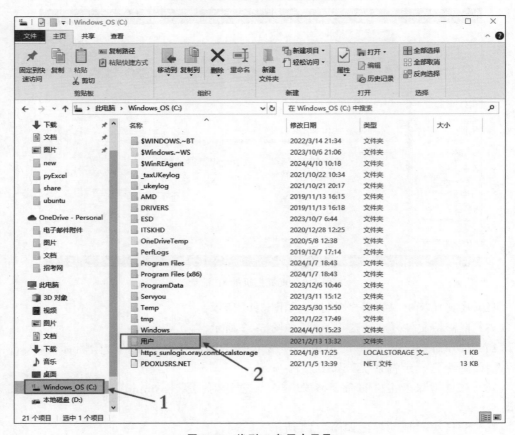

图 5-10 找到 C 盘用户目录

第5章 云服务器的配置和使用 127

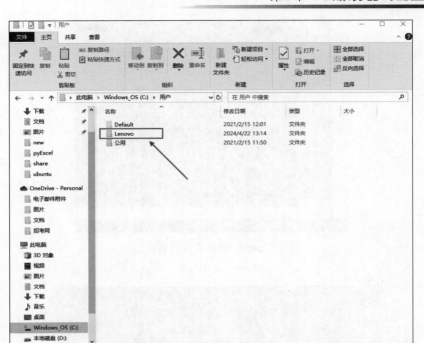

图 5-11 找到计算机中的用户名目录

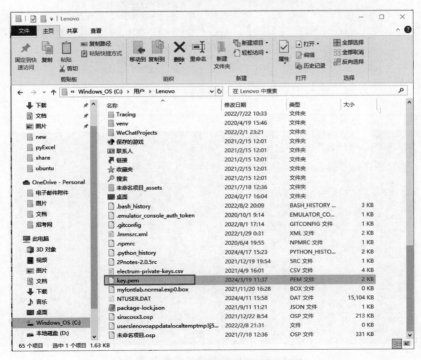

图 5-12 把密钥文件复制到这个目录

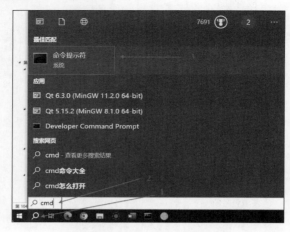

图 5-13 打开命令行窗口

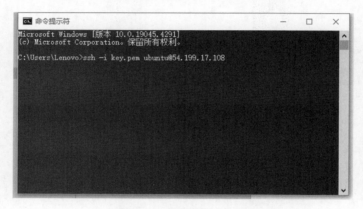

图 5-14 SSH 登录云主机

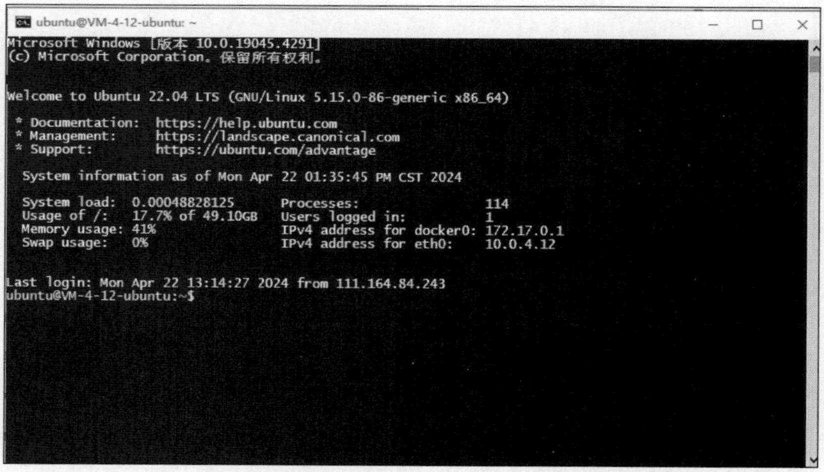

图 5-15 SSH 登录云主机成功界面

5.3 Linux 系统简介

Linux 是一个开源的操作系统，Linux 遵循 GNU 通用公共许可证（GPL），任何个人和机构都可以自由地使用 Linux 的所有底层源代码，也可以自由地修改和再发布。

5.4 Linux 系统目录结构

不同于 Windows 系统把磁盘分为 C 盘和 D 盘的模式，Linux 的文件就是一个完整的树形结构，如图 5-16 所示。

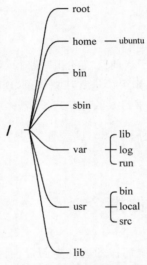

图 5-16　Linux 文件目录结构

Linux 的目录系统非常庞大，层次很深，这里只介绍一些最常用的目录，见表 5-1。

表 5-1　Linux 目录介绍

目录名称	描述
/	根目录
/root	系统管理员主目录
/home	普通用户主目录都在这个目录下面
/home/ubuntu	Ubuntu 用户的主目录
/bin	存放系统命令程序
/sbin	存放系统管理员使用的命令
/var	存放经常修改的数据，例如程序运行的日志文件
/usr	存放用户应用程序，类似于 Windows 系统的 Program Files 目录
/lib	存放基本代码库，例如 C++ 库文件

下面介绍几个目录操作指令，登录 Ubuntu 系统后，当前位置是/home/ubuntu。显示当前目录，首先输入 cmd，然后按键盘的 Enter 键，指令如下：

```
cmd
```

运行结果如下：

```
/home/ubuntu
```

回到上一级目录，首先输入 cd ..，然后按键盘的 Enter 键，指令如下：

```
cd ..
```

当前目录就可变为/home。

进入下一级目录，首先输入 cd 目录名，然后按键盘的 Enter 键，指令如下：

```
cd ubuntu
```

当前目录就变为/home/ubuntu。

上面两个命令，使用的都是基于当前位置的相对路径，如果使用绝对路径（绝对路径就是包含了从根目录开始的完整路径），则可以进入任意目录，现在当前路径是/home/ubuntu，我们想进入/var/log 目录，输入 cd 带有根目录的完整目录名，然后按键盘的 Enter 键，指令如下：

```
cd /var/log
```

当前目录就变为/var/log。

5.5 Linux 常用操作指令

Linux 系统没有 Windows 系统那样的图形界面，所有操作都需要通过在命令行输入指令来完成，指令非常多，用法也比较复杂，本节仅介绍与创建交易程序、运行交易程序相关的指令。

5.5.1 创建目录指令

创建目录的指令为 mkdir，用这个指令创建一个 book 目录，指令如下：

```
mkdir book
```

5.5.2 改变目录指令

进入下一级的 book 目录，指令如下：

```
cd book
```

返回上一级目录，指令如下：

```
cd ..
```

跳到任意目录，需要使用绝对路径，绝对路径就是从根目录起始的一个完整的路径，例如要进入/home/ubuntu这个目录，无论当前处于哪个目录内都可以使用绝对径路来跳转目录，指令如下：

```
cd /home/ubuntu
```

5.5.3　显示目录中包含的文件和子目录的指令

显示当前目录下的文件及目录内容，首先输入 ls，然后按 Enter 键，当 ls 后面没有参数时，只显示文件名或目录名的简要信息，指令如下：

```
ls
```

如果需要以列表形式显示当前目录中的文件和目录细节信息，则需要在 ls 后加上参数 -l，指令如下：

```
ls -l
```

运行结果如图 5-17 所示。

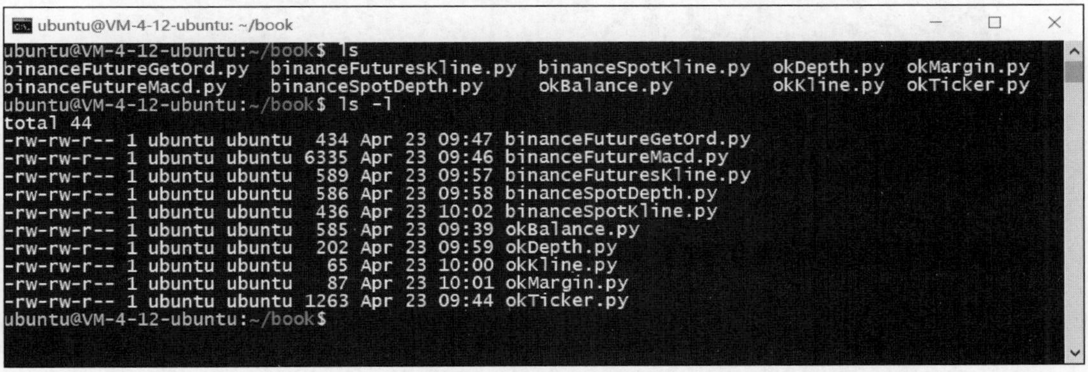

图 5-17　显示目录内容

5.5.4　创建 Python 程序文件指令

Linux 系统自带一个编辑工具，叫作 vim，可以用来创建和编辑文本文件及代码文件，早期的 Linux 内置的编辑工具是 vi，vim 是 vi 的升级版，下面我们在云服务器上创建一段设置欧易杠杆倍数的代码，并在服务器端运行。按快捷键 Ctrl+C 复制源代码，代码如下：

```
from okx import Account
```

```
apiKey = "2a076334-82ca-44a8-9971-fbf556862d44"
apiSecretKey = "EE51E9F072DE8B6DB7A41F4EF5E3CFB5"
passphrase = "Hello2020!"
#flag:0 实盘;flag:1 模拟盘
accountAPI = Account.AccountAPI(apiKey, apiSecretKey, passphrase, False, flag="1")
#instId:交易对;lever:杠杆倍数;mgnMode:逐仓模式
result = accountAPI.set_leverage(instId="BTC-USDT", lever="5", mgnMode="isolated")
print(result)
```

在服务器端的命令行窗口，输入 vim 指令创建这个 Python 程序文件，Python 程序的扩展名都是 .py，指令如下：

```
vim testOkLeverage.py
```

运行结果如图 5-18 所示，现在就创建了一个代码编辑界面，在这个界面里录入代码。

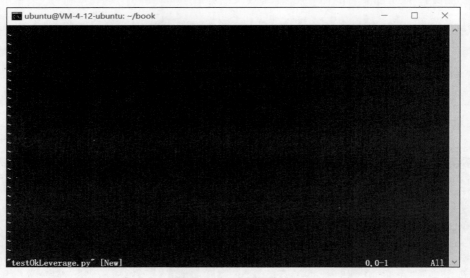

图 5-18　vim 编辑界面

vim 有 3 种模式：命令模式、输入模式和底线命令模式。输入 vim 指令后看到的上面界面就处于命令模式，命令模式下无法输入字符。

注意：此时计算机端的输入法要保持英文输入法状态，然后按键盘的 I 键，I 就是 vim 的输入指令，此时编辑区最下面一行出现了 INSERT，此时就可以录入字符了，如图 5-19 所示。

然后右击便可粘贴代码，粘贴代码后 Python 程序源代码就出现在 vim 编辑区了，如图 5-20 所示。

代码粘贴完成后，按键盘的 Esc 键，令 vim 切换回命令模式，然后按键盘的组合键 Shift+：进入底线命令行模式，然后在：后面输入 wq 指令，保存并退出，w 是 write 的首字母，保存的意思，q 是 quit 的首字母，退出的意思，如图 5-21 所示。

图 5-19　vim 输入模式界面

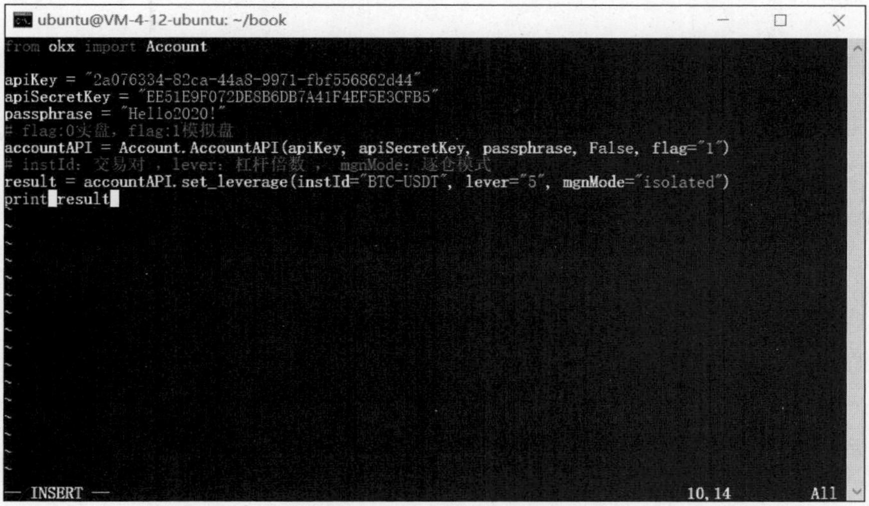

图 5-20　vim 粘贴代码界面

5.5.5　运行 Python 程序文件指令

Ubuntu 系统下的 Python 程序名是 Python3，而 CentOS 下是 Python，运行 5.5.4 节创建的代码文件 testOkLeverage.py，程序运行结果会显示在服务器命令行窗口中，注意：python3 和要运行的程序文件名之间要有一个空格，输入完成后按 Enter 键，即可运行这个 Python 程序，指令如下：

```
python3 testOkLeverage.py
```

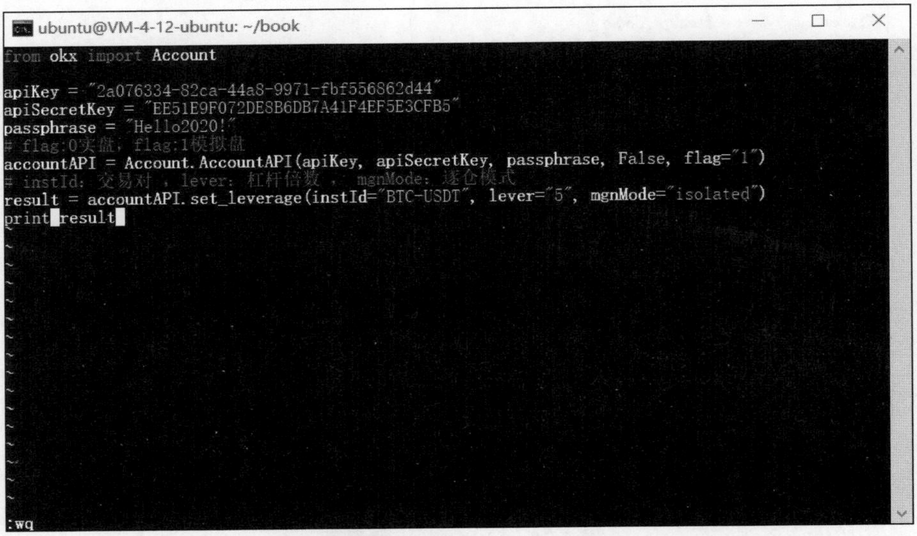

图 5-21　vim 底线命令行模式界面

5.5.6　程序运行结果保存到日志文件指令

如果需要把程序运行结果保存到日志文件中,则可以在运行程序指令的后面加上一个重定向符>,这样原本在窗口内输出的内容就会重定向到日志文件中,指令如下:

```
python3 testOkLeverage.py > 日志.log
```

5.5.7　中止程序运行

一般的程序,运行结束后就自动退出了,但有的程序是无限循环运行的,例如接收交易所行情推送指令的程序,中止程序运行可以关闭命令行窗口,也可以按键盘的快捷键 Ctrl+C。

5.5.8　程序后台运行指令

如果需要一个程序 24h 不间断地运行,并且关闭 SSH 登录窗口也不会中断程序的运行,就需要用后台运行指令 nohup 配合 & 符号,指令如下:

```
nohup python3 getOkKline.py > kline.log 2>&1 &
```

5.5.9　查看后台运行程序的指令

查看后台程序的指令为 ps,Linux 系统的后台程序非常多,要在众多程序信息中筛选出需要看到的程序名,需要结合 grep 过滤指令,中间的 | 符号是管道符,功能是把左侧指令的运行结果作为右侧指令的输入,指令如下:

```
ps ax | grep getOk
```

运行结果如图 5-22 所示。

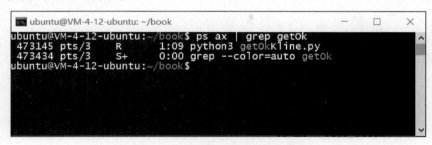

图 5-22 查看后台运行程序的界面

查询结果的第 1 行就是我们启动的 getOkline.py 程序的信息，473145 就是进程号。

5.5.10 关闭后台运行程序的指令

关闭一个后台程序的指令是 kill，后面加上该程序对应的进程号参数就可以关闭这个程序，指令如下：

```
kill 473145
```

5.5.11 删除文件或目录的指令

删除文件和目录都使用 rm 指令，删除文件的指令如下：

```
rm 文件名
#例子
rm okTest.py
```

删除目录是很危险的指令，使用时一定要小心，删除目录的指令如下：

```
rm -r 目录名
#例子
rm -r books
```

5.5.12 移动文件或目录的指令

移动文件（如果在同一个目录下移动文件，则实际效果就是给文件改名）和目录都使用 rm 指令，指令如下：

```
mv 旧文件名 新文件名
#改名例子
mv okTest.py okTest2.py        #将文件改名为 okTest2.py
```

```
#移动位置的例子,把 okTest2.py 文件移动到上一级目录
mv okTest2.py ..
```

5.5.13　查看文本文件内容指令

vim 是编辑文本文件内容的工具,而如果只想查看文本文件内容,不进行编辑修改,则可以使用 cat 指令,指令格式如下:

```
cat 文件名
#例子
cat telegramBot.log
```

5.5.14　查看文本文件头部内容指令

查看文本文件头部内容的指令如下:

```
head 文件名
#例子1,默认显示前 10 行
head telegramBot.log
#例子2,显示前 20 行
head -n 20 telegramBot.log
```

5.5.15　查看文本文件尾部内容指令

查看文本文件尾部内容的指令如下:

```
tail 文件名
#例子1,默认显示最后 10 行
tail telegramBot.log
#例子2,显示最后 20 行
tail -n 20 telegramBot.log
```

5.6　Git 指令介绍

在 Linux 系统下使用 vim 编辑代码,要记住大量的操作指令和快捷键,操作非常不方便。更好的方式是在我们的计算机上用集成开发工具 VS Code 编写好代码,然后利用 Git 指令把代码同步(push)到 Gitee 仓库,我们的云服务器端再从 Gitee 仓库拉取最新代码(pull),本节介绍 Git 的基本使用方法。操作流程如图 5-23 所示。

5.6.1　计算机端安装 Git

打开 Git 官网,下载计算机操作系统对应的版本,下载界面如图 5-24 所示。

图 5-23 代码同步的操作流程

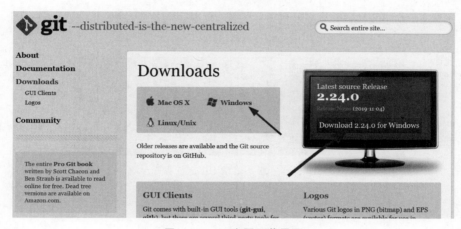

图 5-24 Git 官网下载界面

下载并安装成功后,打开命令行窗口,输入的指令如下:

```
git
```

如果看到如图 5-25 所示的界面,则说明安装 Git 成功。

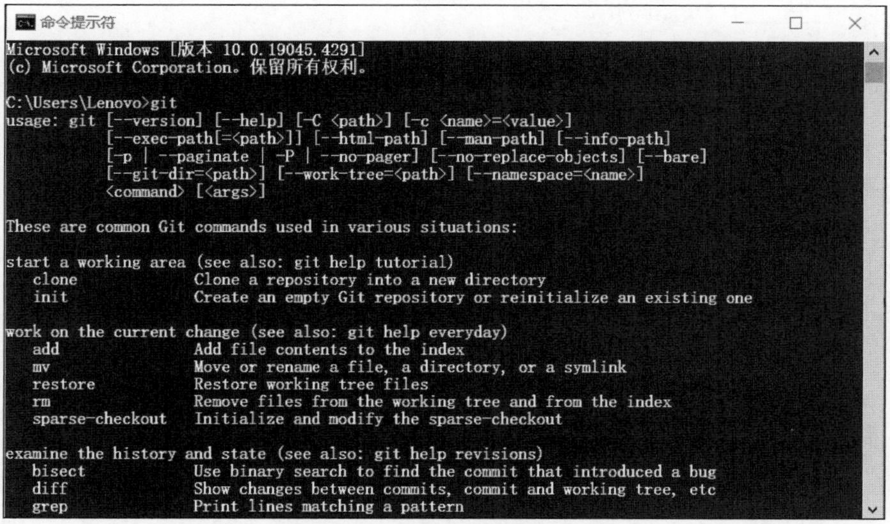

图 5-25 Git 运行界面

5.6.2 服务器端安装 Git

Ubuntu 下包管理器程序是 apt，安装软件的指令是 apt install 软件名，安装 Git 需要使用最高管理员（root）权限，所以在指令前要加 sudo，安装 Git 的指令如下：

```
sudo apt update
sudo apt install git
```

检查是否安装成功，输入 git --version 命令，运行结果如图 5-26 所示。

图 5-26　服务器端 Git 运行界面

5.6.3 注册 Gitee 账号并创建仓库

Gitee 是国内最大的软件代码托管平台，个人使用是完全免费的，注册好账号后，新建一个仓库，输入仓库名称，选择仓库类型，例如选择私有，分支模型选择单分支，最后单击"创建"按钮创建仓库，如图 5-27 所示。

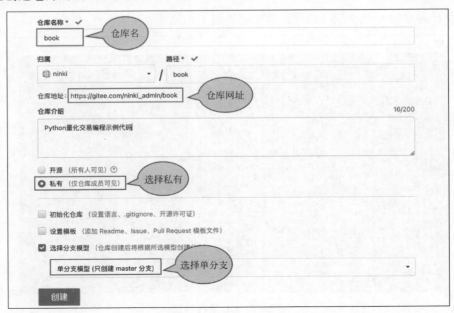

图 5-27　Gitee 创建仓库界面

5.6.4 计算机端创建仓库

首先进入代码所在文件夹,打开命令行窗口,输入以下 Git 的账号、邮箱等全局配置指令,指令如下:

```
git config --global user.name "ninki51"
git config --global user.email "2556792125@qq.com"
```

创建仓库的指令如下:

```
git init
git add .
git commit -m "第1次提交"
git remote add origin https://gitee.com/ninki_admin/book.git
git push -u origin master
```

5.6.5 服务器端拉取仓库代码

首次拉取代码使用 git clone 指令会在服务器建立一个以仓库名命名的目录,并把代码都下载到这个目录中,指令如下:

```
git clone https://gitee.com/ninki_admin/book.git
```

以后我们修改计算机端的本地仓库代码,并提交(push)到 Gitee 仓库后,服务器端可以使用 git pull 指令来同步最新的有变化的代码,指令如下:

```
git pull
```

第 6 章 项目实战

本章对常用的 API 结合实际交易策略进行综合应用,给出的示例代码的目的是让读者能掌握完整策略的技术实现方法,读者要根据实际行情,实现自己的交易策略。如果用示例代码进行交易出现亏损,则作者概不负责。

6.1 币安三角套利策略

三角套利策略是一种利用多种交易对之间暂时性的价格偏离实现套利的一种策略,只能用于现货,选择 3 个交易对,这 3 个交易对要能形成回路,从起始的币种开始,经过 3 次交换再换回起始币种。例如,第 1 步用 1000 个 USDT,通过 BTCUSDT 这个交易对,以市价换到 0.01402 个 BTC,第 2 步再通过 ETHBTC 这个交易对,用 0.01402 个 BTC 换到 0.2799 个 ETH,第 3 步通过 ETHUSDT 这个交易对,用 0.2799 个 ETH 换回 999.18702 个 USDT。经过 3 次交易,扣除 3 笔手续费后,从最初的 1000 个 USDT,变成 999.18702USDT,亏损了 0.81298 个 USDT,如图 6-1 所示。

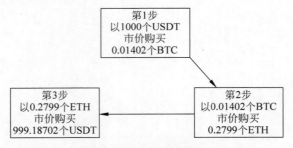

图 6-1 三角套利原理

策略实现过程:使用延迟最小的 K 线 WebSocket API,实时模拟计算 3 个交易对完成交易并扣除手续费后的盈利,当盈利大于 0 时,立刻下 3 个市价单完成交易,实现套利。

现在三角套利策略盈利的机会非常小了,早期交易所每笔交易是没有手续费的,那时是有机会实现套利的,而现在有了手续费的存在,即使出现了三角套利的盈利机会,通常也无法覆盖手续费了,这里讲解三角套利策略完全是为了演示 API 的综合应用,在套利过程中用到了查询账户余额、下买单、下卖单，以及查询订单等 API，本节将详细讲解如何用币安 API 实现一个完整的三角套利策略程序，用 BTCUSDT、ETHBTC、ETHUSDT 这 3 个交易对来演示。

6.1.1　第 1 步实现 BTCUSDT 的交易

交易之前要复习一下第 2 章介绍过的交易对的概念，BTCUSDT 这个交易对分成两部分，第一部分是前面的 BTC，即基准币，第二部分是后面的 USDT，这个叫计价币。目前市价单用 50 个 USDT 兑换 BTC 时，需要选择 BTCUSDT 这个交易对，然后方向选择买入，下单数量 quantity 不能填 50，因为 quantity 参数对应的是基准币的数量，我们手里持有的是 USDT，需要用 quoteOrderQty 参数，代码如下：

```python
testKey, testSecret = getApiKey("testKey", "testSecret")
apiClient = Spot(testKey, testSecret, base_url = "https://testnet.binance.vision")
params = {
    "symbol": "BTCUSDT",
    "side": "BUY",
    "type": "MARKET",
    "quoteOrderQty": 50,   # 计价币 USDT 数量
}
response = apiClient.new_order(**params)
print(response)
```

下单结果如图 6-2 所示。状态字段"status"："FILLED"表示订单完成成交，字段 executedQty 表示订单执行数量，也就是兑换的 BTC 数量。

```
{
    "symbol": "BTCUSDT",
    "orderId": 15434349,
    "orderListId": -1,
    "clientOrderId": "D27AsGYSo6J2uqj8Jy6KL3",
    "transactTime": 1712637553636,
    "price": "0.00000000",
    "origQty": "0.00070000",
    "executedQty": "0.00070000",  //执行数量
    "cummulativeQuoteQty": "49.75877900",  //累计报价数量
    "status": "FILLED",
    "timeInForce": "GTC",
    "type": "MARKET",
    "side": "BUY",
    "workingTime": 1712637553636,
    "fills": [
        {
            "price": "71083.97000000",
            "qty": "0.00070000",
            "commission": "0.00000000",
            "commissionAsset": "BTC",
            "tradeId": 3583922
        }
    ],
    "selfTradePreventionMode": "EXPIRE_MAKER"
}
```

图 6-2　BTCUSDT 下单结果

6.1.2 第 2 步实现 ETHBTC 的交易

经过第 1 次交换后,账户里有了 0.0007 个 BTC,现在需要选择 ETHBTC 这个交易对,然后方向选择买入,因为是用计价币 BTC 换基准币 ETH,所以仍然要使用 quoteOrderQty 作为下单数量,代码如下:

```
params2 = {
   "symbol": "ETHBTC",
   "side": "BUY",
   "type": "MARKET",
   "quoteOrderQty": 0.0007,   #计价币数量
}
response2 = apiClient.new_order(**params2)
print(response2)
```

下单结果如图 6-3 所示。状态字段"status":"FILLED"表示订单完成成交,字段 executedQty 表示订单执行数量,也就是兑换的 ETH 数量。

```
{
    "symbol": "ETHBTC",
    "orderId": 1915003,
    "orderListId": -1,
    "clientOrderId": "VNfrTZXUCG4XJeiDs1dtyZ",
    "transactTime": 1712637553714,
    "price": "0.00000000",
    "origQty": "0.01340000",
    "executedQty": "0.01340000",   //执行数量
    "cummulativeQuoteQty": "0.00069559",   //累计报价数量
    "status": "FILLED",
    "timeInForce": "GTC",
    "type": "MARKET",
    "side": "BUY",
    "workingTime": 1712637553714,
    "fills": [
        {
            "price": "0.05191000",
            "qty": "0.01340000",
            "commission": "0.00000000",
            "commissionAsset": "ETH",
            "tradeId": 112402
        }
    ],
    "selfTradePreventionMode": "EXPIRE_MAKER"
}
```

图 6-3　ETHBTC 下单结果

6.1.3 第 3 步实现 ETHUSDT 的交易

经过第 2 次交换后,账户里有了 0.0134 个 ETH,最后需要选择 ETHUSDT 这个交易对,然后方向选择卖出,因为是用基准币 ETH 换计价币 USDT,需要使用 quantity 作为下单数量,代码如下:

```
params3 = {
    "symbol": "ETHUSDT",
    "side": "SELL",
    "type": "MARKET",
    "quantity": 0.0134, #基准币数量
}
response3 = apiClient.new_order(**params3)
print(response3)
```

下单结果如图 6-4 所示。状态字段"status"："FILLED"表示订单完成成交，字段 cummulativeQuoteQty 表示累计报价数量，也就是兑换的 USDT 数量。投入 50 个 USDT，经过三次交换后，得到了 49.43327 个 USDT。

```
{
    "symbol": "ETHUSDT",
    "orderId": 8684876,
    "orderListId": -1,
    "clientOrderId": "m2W1rtd9hZXJAL9Btsje8T",
    "transactTime": 1712637553932,
    "price": "0.00000000",
    "origQty": "0.01340000",
    "executedQty": "0.01340000",  //执行数量
    "cummulativeQuoteQty": "49.43327000",  //累计报价数量
    "status": "FILLED",
    "timeInForce": "GTC",
    "type": "MARKET",
    "side": "SELL",
    "workingTime": 1712637553932,
    "fills": [
        {
            "price": "3689.08000000",
            "qty": "0.00670000",
            "commission": "0.00000000",
            "commissionAsset": "USDT",
            "tradeId": 1799196
        },
        {
            "price": "3689.02000000",
            "qty": "0.00670000",
            "commission": "0.00000000",
            "commissionAsset": "USDT",
            "tradeId": 1799197
        }
    ],
    "selfTradePreventionMode": "EXPIRE_MAKER"
}
```

图 6-4　ETHUSDT 下单结果

6.1.4　三角套利策略的准备工作

从前面的 3 次交易演示能看到，如果直接进行交易，则很快就会把本金亏完，需要用 WebsocketStream 方式监测行情，并实时模拟计算 3 个交易对的交易价差和手续费，只有行情出现价格偏离时，才真正下单，订阅 3 个交易对的推送数据的代码如下：

```
print("开始监测币价 K 线")
client = SpotWebsocketStreamClient(on_message = message_handler)
```

```
client.kline(symbol = "BTCUSDT", interval = "1m")
client.kline(symbol = "ETHBTC", interval = "1m")
client.kline(symbol = "ETHUSDT", interval = "1m")
```

处理 K 线数据代码如下：

```
#处理 K 线消息
def message_handler(_, msg):
    #把 JSON 字符串转换为 Python 字典对象
    data = json.loads(msg)
    if "k" not in data:           #前几个推送没有包含 k 值,直接忽略
        return
    symbol = data["k"]["s"]       #交易对
    price = data["k"]["c"]        #收盘价
```

从交易所推送过来的行情数据是 JSON 格式的字符串,获得数据后,需要用 json.loads 转换为 Python 字典对象,键值 k 中的 c 代表收盘价。行情推送结果如图 6-5 所示。

图 6-5　行情推送结果

根据行情推送数据,实时计算是否有套利空间,代码如下：

```
#1000 个 USDT
qty = 1000
#以下是计算三角套利的公式
#每笔交易扣除 0.1% 手续费
btcQty = qty / btcusdt * 0.999
ethQty = btcQty / ethbtc * 0.999
usdt = ethQty * ethusdt * 0.999
print("3 次交易后的 USDT 数量:", round(usdt, 2))   #保留两位小数

if usdt > qty:
    print("出现套利机会")
```

三角套利策略的完整代码如下：

```python
# 文件名:binanceTriangularArbitrage.py
import json
from binance.spot import Spot
from binance.websocket.spot.websocket_stream import SpotWebsocketStreamClient
from env import getApiKey

# 初始化 3 个交易对的状态,0 为等待状态
btcusdtWaitStatus = 0
ethbtcWaitStatus = 0
ethusdtWaitStatus = 0
btcusdt = 0
ethbtc = 0
ethusdt = 0

# Retrieve API keys
testKey, testSecret = getApiKey("testKey", "testSecret")
apiClient = Spot(testKey, testSecret, base_url = "https://testnet.binance.vision")


# 以基准币数量进行交易
def marketOrder(symbol, side, qty):
    params = {
        "symbol": symbol,
        "side": side,
        "type": "MARKET",
        "quantity": qty,              # 基准币数量
    }
    response = apiClient.new_order(**params)
    print(response)
    return response


# 以计价币数量进行交易
def marketOrder2(symbol, side, quoteQty):
    params = {
        "symbol": symbol,
        "side": side,
        "type": "MARKET",
        "quoteOrderQty": quoteQty,        # 计价币数量
    }
    response = apiClient.new_order(**params)
    print(response)
    return response


# 处理 K 线消息
def message_handler(_, msg):
    # 把 JSON 字符串转换为 Python 字典数据
    data = json.loads(msg)
```

```python
    if "k" not in data:
        return
    symbol = data["k"]["s"]                     # 交易对
    price = data["k"]["c"]                      # 收盘价

    global btcusdtWaitStatus, ethbtcWaitStatus, ethusdtWaitStatus, btcusdt, ethbtc, ethusdt

    # 更新价格
    if btcusdtWaitStatus == 0 and symbol == "BTCUSDT":
        btcusdt = float(price)
        btcusdtWaitStatus = 1
    elif ethbtcWaitStatus == 0 and symbol == "ETHBTC":
        ethbtc = float(price)
        ethbtcWaitStatus = 1
    elif ethusdtWaitStatus == 0 and symbol == "ETHUSDT":
        ethusdt = float(price)
        ethusdtWaitStatus = 1

    # If all prices are updated, check for arbitrage opportunity
    if btcusdtWaitStatus == 1 and ethbtcWaitStatus == 1 and ethusdtWaitStatus == 1:
        print(
            "计算套利:",
            f"BTCUSDT = {btcusdt}, ETHBTC = {ethbtc}, ETHUSDT = {ethusdt}",
        )
        checkProfit(btcusdt, ethbtc, ethusdt)
        btcusdtWaitStatus = 0
        ethbtcWaitStatus = 0
        ethusdtWaitStatus = 0


# 计算 3 个交易对交换后的盈利
def checkProfit(btcusdt, ethbtc, ethusdt):
    qty = 1000
    # 每笔交易扣除 0.1% 手续费
    btcQty = qty / btcusdt * 0.999
    ethQty = btcQty / ethbtc * 0.999
    usdt = ethQty * ethusdt * 0.999
    print("3 次交易后的 USDT 数量:", round(usdt, 2))

    if usdt > 1000:
        print("出现套利机会")
        # 真正的下单数量 50 个 USDT
        usdtQty = 50
        ord = marketOrder2("BTCUSDT", "BUY", usdtQty)
        if ord["status"] == "FILLED":
            btcQty = float(ord["executedQty"])
            print("获得 BTC 数量:", btcQty)
            ord2 = marketOrder2("ETHBTC", "BUY", btcQty)
            if ord2["status"] == "FILLED":
```

```python
        ethQty = float(ord2["executedQty"])
        print("获得 ETH 数量:", ethQty)
        ord3 = marketOrder("ETHUSDT", "SELL", ethQty)
        if ord3["status"] == "FILLED":
            usdt = float(ord3["cummulativeQuoteQty"])
            print("获得 USDT 数量:", usdt, "利润:", usdt - usdtQty)
            # 获得 USDT 数量: 49.43327;利润: -0.5667299999999997


# Main function to start the websocket client and subscribe to streams
def main():
    print("开始监测币价 K 线")
    client = SpotWebsocketStreamClient(on_message = message_handler)
    client.kline(symbol = "BTCUSDT", interval = "1m")
    client.kline(symbol = "ETHBTC", interval = "1m")
    client.kline(symbol = "ETHUSDT", interval = "1m")

if __name__ == "__main__":
    main()
```

6.2 欧易三角套利策略

实现欧易的三角套利策略和币安的略有所不同,币安的 API 下单之后能立即返回比较详细的订单信息,除了订单 ID、订单状态之外,还会返回成交的数量等关键信息,而欧易的下单 API 仅仅能返回一个订单 ID,要想获得更详细的交易信息,需要再调用查询订单 API 来实现。

策略实现过程:使用延迟最小的 K 线 WebSocket API,实时模拟计算 3 个交易对完成交易并扣除手续费后的盈利,当盈利大于 0 时,立刻下 3 个市价单完成交易,实现套利。

本节将详细讲解如何用欧易 API 实现一个完整的三角套利策略程序,用 BTCUSDT、ETHBTC、ETHUSDT 这 3 个交易对来演示。

6.2.1 实现 BTCUSDT 的交易

首先用查询账户余额的 API 查询一下账户中 USDT 的数量,代码如下:

```
# 查询账户中 USDT 的余额
acc = accountAPI.get_account_balance(ccy = "USDT")
balance = float(acc["data"][0]["details"][0]["availBal"])
print("账户中 USDT 的余额", balance)
```

现在用市价单以 50 个 USDT 兑换 BTC,需要选择 BTC-USDT 这个交易对,然后方向选择买入,下单数量买入时是计价币数量,卖出时是基准币数量,代码如下:

```python
tradeAPI = Trade.TradeAPI(
    apiKey, apiSecretKey, passphrase, False, flag = "1"    #0为实盘,1为模拟盘
)
result = tradeAPI.place_order(
    instId = "BTC-USDT",                        #交易对
    tdMode = "cash",                            #模式为币币交易
    side = "buy",                               #买卖方向
    ordType = "market",                         #订单类型为市价单
    sz = 50,                                    #下单数量 USDT
)
print("BTC-USDT 市价下单结果", result)
```

下单结果如图 6-6 所示。状态字段 "code"："0" 表示下单完成。

通过下单后返回的订单 ID,用查询订单 API 查询订单详情,代码如下：

```
ord = tradeAPI.get_order("BTC-USDT", "1347462186952015872")
print("获取订单信息", ord)
```

查询订单结果如图 6-7 所示。成交数量的字段是 fillSz。

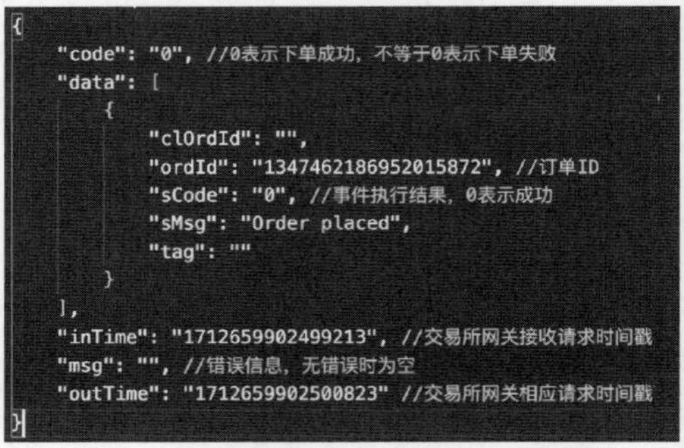

图 6-6　BTCUSDT 下单结果

图 6-7　查询订单下详情

6.2.2　实现 ETHBTC 的交易

经过第 1 次交换后,账户里有了 0.00070765 个 BTC,现在需要选择 ETH-BTC 这个交

易对把 BTC 兑换成 ETH，交易方向选择买入，下单数量为 0.00070765 个 BTC，代码如下：

```
result2 = tradeAPI.place_order(
    instId = "ETH - BTC",       #交易对
    tdMode = "cash",            #模式为币币交易
    side = "buy",               #买卖方向
    ordType = "market",         #订单类型为市价单
    sz = 0.00070765,            #下单数量 BTC
)
print("ETH - BTC 市价下单结果", result2)
```

下单结果如图 6-8 所示。

用订单 ID 查询订单详情，代码如下：

```
ord2 = tradeAPI.get_order("ETH - BTC", "1347462192522051584")
print("获取订单信息", ord2)
```

下单结果如图 6-9 所示。

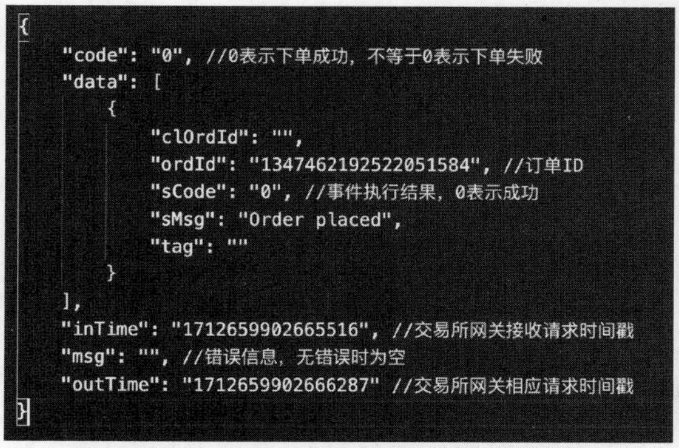

图 6-8　ETHBTC 下单结果

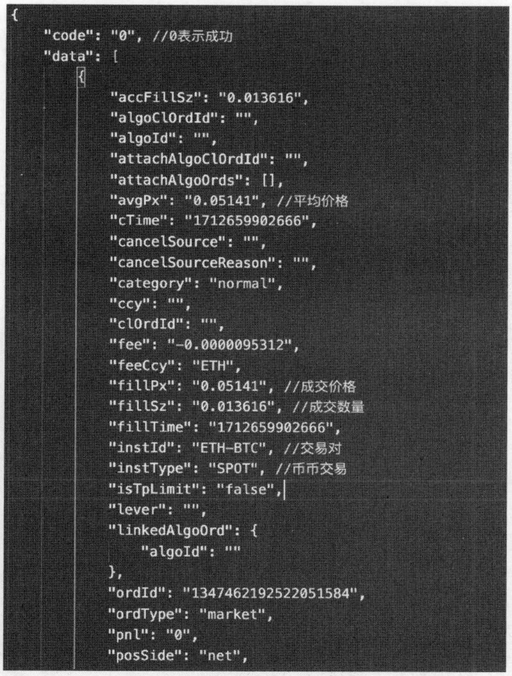

图 6-9　ETHBTC 下单详情

6.2.3　实现 ETHUSDT 的交易

经过第 2 次交换后，账户里有了 0.013 616 个 ETH，最后需要选择 ETH-USDT 这个交易对，然后方向选择卖出，下单数量就是 0.013 616 个 ETH，代码如下：

```python
result3 = tradeAPI.place_order(
    instId = "ETH-USDT",       #交易对
    tdMode = "cash",           #模式为币币交易
    side = "buy",              #买卖方向
    ordType = "market",        #订单类型为市价单
    sz = 0.013616,             #下单数量 ETH
)
print("ETH-USDT 市价下单结果", result3)
```

下单成功后，通过查询订单 API 可以查到 fills 字段消耗的 ETH 数量，但无法查到最终换回多少个 USDT，这时可以通过查询账户 USDT 余额的 API，比较一下 USDT 的变化来计算本次套利的盈利情况，代码如下：

```python
#再次查询账户中 USDT 的余额
acc = accountAPI.get_account_balance(ccy = "USDT")
balance2 = float(acc["data"][0]["details"][0]["availBal"])
print("账户中 USDT 的余额", balance2, "盈利", balance2-balance)
```

6.2.4 三角套利策略的准备工作

从前面的 3 次交易演示能看到，如果直接进行交易，则很快就会把本金亏完，需要用 WebSocket 方式监测行情，并实时模拟计算 3 个交易对的交易价差和手续费，只有行情出现价格偏离时，才真正下单。频道名称为 index-candle1m（K 线数据），产品类型是 SPOT（币币交易），订阅 3 个交易对的推送数据的代码如下：

```python
async def main():
    print("订阅 WebSocket 币币交易频道")
    url = "wss://wsaws.okx.com:8443/ws/v5/business"
    ws = WsPublicAsync(url = url)
    await ws.start()
    args = []
    arg1 = {"channel": "index-candle1m", "instType": "SPOT", "instId": "BTC-USDT"}
    args.append(arg1)
    arg2 = {"channel": "index-candle1m", "instType": "SPOT", "instId": "ETH-BTC"}
    args.append(arg2)
    arg3 = {"channel": "index-candle1m", "instType": "SPOT", "instId": "ETH-USDT"}
    args.append(arg3)
    await ws.subscribe(args, publicCallback)

    while True:
        await asyncio.sleep(1)


if __name__ == "__main__":
    asyncio.run(main())
```

处理 K 线数据，代码如下：

```
#处理K线消息
def publicCallback(msg):

    msg = json.loads(msg)
    symbol = msg["arg"]["instId"]
    data = msg["data"]
    print("交易对",symbol)
    print("数据",data)
```

从交易所推送过来的行情数据是 JSON 格式的字符串,获得数据后,需要用 json.loads 转换为 Python 字典对象。行情推送结果如图 6-10 所示。

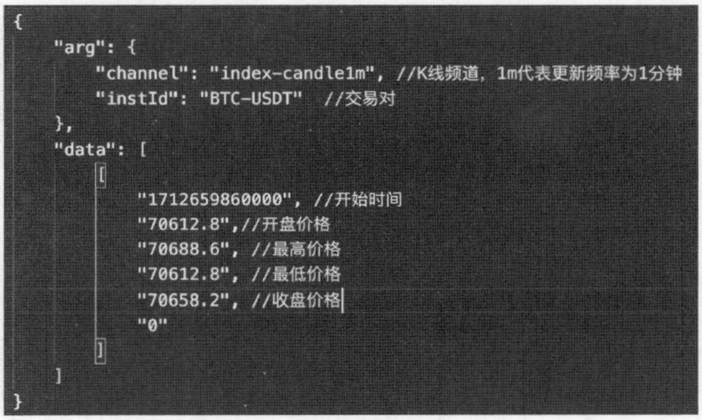

```
{
    "arg": {
        "channel": "index-candle1m",  //K线频道,1m代表更新频率为1分钟
        "instId": "BTC-USDT"   //交易对
    },
    "data": [
        [
            "1712659860000", //开始时间
            "70612.8",//开盘价格
            "70688.6", //最高价格
            "70612.8", //最低价格
            "70658.2", //收盘价格
            "0"
        ]
    ]
}
```

图 6-10　行情推送结果

根据行情推送数据,实时计算是否有套利空间,代码如下:

```
#1000 个 USDT
qty = 1000
#以下是计算三角套利的公式
#每笔交易扣除 0.1% 手续费
btcQty = qty / btcusdt * 0.999
ethQty = btcQty / ethbtc * 0.999
usdt = ethQty * ethusdt * 0.999
print("3 次交易后的 USDT 数量:", round(usdt, 2))   #保留两位小数

if usdt > qty:
    print("出现套利机会")
```

三角套利策略的完整代码如下:

```
#文件名:okTriangularArbitrage.py
import asyncio
from okx.websocket.WsPublicAsync import WsPublicAsync
from okx import Trade
from okx import Account
from env import getOkApiKey
import json
```

```python
apiKey, apiSecretKey, passphrase = getOkApiKey(
    "okTestKey", "okTestSecret", "passphrase"
)

#等待 3 个交易对数据状态
btcusdtWaitStatus = 0
ethbtcWaitStatus = 0
ethusdtWaitStatus = 0
btcusdt = 0
ethbtc = 0
ethusdt = 0


#下市价单
def marketOrder(symbol, side, qty):
    tradeAPI = Trade.TradeAPI(
        apiKey, apiSecretKey, passphrase, False, flag = "1"    #0 为实盘,1 为模拟盘
    )
    result = tradeAPI.place_order(
        instId = symbol,                                        #交易对
        tdMode = "cash",                                        #模式为币币交易
        side = side,                                            #买卖方向
        ordType = "market",                                     #订单类型为市价单
        sz = qty,                                               #下单数量
    )
    print("币币市价下单结果", result)
    return result


def publicCallback(msg):
    global btcusdtWaitStatus
    global ethbtcWaitStatus
    global ethusdtWaitStatus
    global btcusdt
    global ethbtc
    global ethusdt

    try:
        msg = json.loads(msg)
        symbol = msg["arg"]["instId"]                           #交易对
        data = msg["data"]
        price = 0
        arrLen = len(data)                                      #行情数据的行数
        if arrLen > 0:
            price = float(data[arrLen - 1][4])                  #最后一行第 5 列数据是最新收盘价格

        if btcusdtWaitStatus == 0 and symbol == "BTC-USDT":
            btcusdt = float(price)
            btcusdtWaitStatus = 1
```

```python
        elif ethbtcWaitStatus == 0 and symbol == "ETH-BTC":
            ethbtc = float(price)
            ethbtcWaitStatus = 1
        elif ethusdtWaitStatus == 0 and symbol == "ETH-USDT":
            ethusdt = float(price)
            ethusdtWaitStatus = 1

        if btcusdtWaitStatus == 1 and ethbtcWaitStatus == 1 and ethusdtWaitStatus == 1:
            print(
                "开始计算三角套利",
                f"BTCUSDT={btcusdt},ETHBTC={ethbtc},ETHUSDT={ethusdt}",
            )
            checkProfit(btcusdt, ethbtc, ethusdt)
            #清零
            btcusdtWaitStatus = 0
            ethbtcWaitStatus = 0
            ethusdtWaitStatus = 0
    except json.jsonDecodeError as e:
        print("JSON decode error:", e)
    except KeyError as e:
        print(f"Key error: {e} - the key is not in the JSON structure")


#计算盈利
def checkProfit(btcusdt, ethbtc, ethusdt):
    #下单数量 1000USDT
    qty = 1000
    #第1步用 1000 个 USDT 购买 BTC,并扣除 0.1% 手续费
    btc = qty / btcusdt * 0.999
    #第2步用 BTC 换成 ETH,并扣除 0.1% 手续费
    eth = btc / ethbtc * 0.999
    #第3步用 ETH 换回 USDT,并扣除 0.1% 手续费
    usdt = eth * ethusdt * 0.999
    print("经过 3 次兑换后得到的 USDT 是", round(usdt, 2))
    if usdt > 996:
        #账户中 USDT 的余额
        balalce = getBalance("USDT")
        print("账户余额", balalce)
        usdtQty = 50
        #出现套利机会,下 3 个市价单
        print("出现套利机会,下 3 个市价单")
        ord = marketOrder("BTC-USDT", "buy", usdtQty)
        ordId = ord["data"][0]["ordId"]
        price1, sz1 = getOrd("BTC-USDT", ordId)
        print("BTC 平均价格", price1, "兑换的 BTC 数量", sz1)

        ord2 = marketOrder("ETH-BTC", "buy", sz1)
        ordId2 = ord2["data"][0]["ordId"]
        price2, sz2 = getOrd("ETH-BTC", ordId2)
```

```python
        print("ETH平均价格", price2, "兑换的ETH数量", sz2)

        ord3 = marketOrder("ETH-USDT", "sell", sz2)
        print(ord3)
        balalce2 = getBalance("USDT")
        print(f"三次交易后的账户余额{balalce}, 盈利={balalce2 - balalce}")

# 获取订单的平均价格和成交数量
def getOrd(instId, orderId):
    tradeAPI = Trade.TradeAPI(
        apiKey, apiSecretKey, passphrase, False, flag="1"     # 0为实盘,1为模拟盘
    )
    result = tradeAPI.get_order(instId, orderId)
    print("获取订单信息", result)
    fillPx = 0                                                # 成交价
    fillSz = 0                                                # 成交数量
    if len(result["data"]) > 0:
        for i in range(len(result["data"])):
            fillPx += float(result["data"][i]["fillPx"])      # 累计成交价
            fillSz += float(result["data"][i]["fillSz"])      # 累计成交数量
        return fillPx / len(result["data"]), fillSz
    else:
        return 0, 0


# 账户余额
def getBalance(ccy):
    accountAPI = Account.AccountAPI(apiKey, apiSecretKey, passphrase, False, flag="1")
    acc = accountAPI.get_account_balance(ccy=ccy)
    balance = float(acc["data"][0]["details"][0]["availBal"])
    return balance


async def main():
    print("欧易三角套利策略")
    url = "wss://wsaws.okx.com:8443/ws/v5/business"
    ws = WsPublicAsync(url=url)
    await ws.start()
    args = []
    arg1 = {"channel": "index-candle1m", "instType": "SPOT", "instId": "BTC-USDT"}
    args.append(arg1)
    arg2 = {"channel": "index-candle1m", "instType": "SPOT", "instId": "ETH-BTC"}
    args.append(arg2)
    arg3 = {"channel": "index-candle1m", "instType": "SPOT", "instId": "ETH-USDT"}
    args.append(arg3)
    await ws.subscribe(args, publicCallback)
    # await asyncio.sleep(20)
    while True:
```

```
        await asyncio.sleep(1)

if __name__ == "__main__":
    asyncio.run(main())
```

6.3　币安 MACD 指标策略

平滑异同移动平均线（Moving Average Convergence/Divergence，MACD）指标具有均线趋势性、稳重性、安定性等特点，是用来判断买卖的时机，以及预测价格涨跌的技术分析指标。

MACD 指标中有 DIF 和 DEA 两条线，当 DIF 向上突破 DEA 时，形成一个交叉点，称为金叉，是买入信号。当 DIF 向下突破 DEA 时，形成一个交叉点，称为死叉，是卖出信号，如图 6-11 所示，蓝线是 DIF，红线是 DEA，绿色三角位置就是金叉，红色三角位置就是死叉。

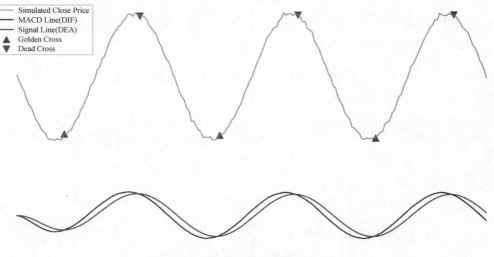

图 6-11　MACD 的金叉和死叉

这是币安行情图下面的 MACD 指标线，如图 6-12 所示。

6.3.1　获取命令行参数

本节通过币安的合约 API 演示 MACD 信号策略，为了让程序更具有一定的通用性，可以把程序中用到的一些变量（例如交易对和下单数量）通过命令行参数的形式输入，例如当需要用到 BTCUSDT 交易对时，通过命令行参数输入这个变量的值，下次当需要用到 ETHUSDT 交易对时，也通过命令行参数来输入，不用再修改源代码中的变量值了，这样使程序的适用性更广。为了获取命令行参数，需要在程序中导入 argparse 模块，代码如下：

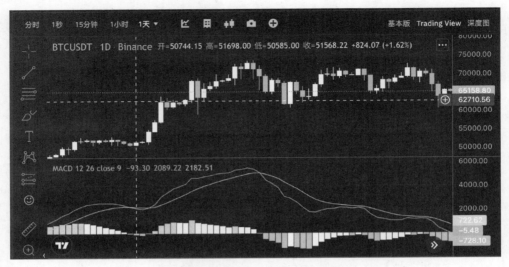

图 6-12　币安的 MACD 指标图

```
import argparse
```

创建一个解析命令的对象,代码如下:

```
parser = argparse.ArgumentParser(description = "命令行参数")
```

定义 3 个程序需要的命令行参数变量,代码如下:

```
parser.add_argument("-- symbol", "-s", type = str, help = "交易对", required = True)
parser.add_argument("-- qty", "-q", type = float, help = "下单数量", required = True)
parser.add_argument(
    "-- profit", "-p", type = float, help = "止盈点", default = 0.01, required = True
)
```

获取命令行输入的变量的值的方法,代码如下:

```
args = vars(parser.parse_args())

# 获取所有参数
for key in args:
    # print(f"命令行参数名:{key},参数值:{args[key]}")
    if key == "symbol":
        symbol = args[key]
    elif key == "qty":
        qty = args[key]
    elif key == "profit":
        profit = args[key]
print(f"交易对{symbol},下单数量{qty},盈利点{profit}")
```

通过命令行加参数的方式运行程序,参数有长短两种方式,--symbol 和 -s 等效,type＝str 表示输入参数类型是字符型数据、type＝float 表示输入参数类型是浮点数类型数据,

required=True 表示此参数必填,否则程序会报错。获取命令行程序,结果如图 6-13 所示。

```
root@instance-3:~/test# python3 macd.py -s BTCUSDT -q 0.002 -p 0.0015
交易对BTCUSDT,下单数量0.002,盈利点0.0015
```

图 6-13　获取命令行参数结果

6.3.2　获取 K 线数据

通过 client.klines 方法获取 K 线数据,代码如下:

```
#K线之间间隔
interval = "15m"
#K线数量
limit = 50
klines_data = client.klines(symbol, interval , limit = limit)
```

K 线数据的格式如图 6-14 所示。

```
[
  [
    1709435340000,  //开盘时间
    "61905.40",  //开盘价
    "61905.50",  //最高价
    "61879.00",  //最低价
    "61881.50",  //收盘价(当前K线未结束的即为最新价)
    "77.511",  //成交量
    1709435399999,  //收盘时间
    "4797612.99630",  //成交额
    1279,  //成交笔数
    "17.532",  //主动买入成交量
    "1085192.40140",  //主动买入成交额
    "0"  //忽略该参数
  ]
]
```

图 6-14　K 线数据的格式

6.3.3　计算 MACD 指标

计算 MACD 指标,需要引入 Pandas 库,Pandas 库是 Python 的一个数据分析包,在命令行窗口输入的指令如下:

```
pip install pandas
```

在程序源代码最开头位置,引入 Pandas 模块,输入的代码如下:

```
import pandas as pd
```

DataFrame 是一种表格类型的数据结构,用 K 线数据中的字段设置 DataFrame 对应的列,不需要处理的字段填问号,代码如下:

```
df = pd.DataFrame(
    klines_data,
    columns = [
```

```
            "timestamp",
            "open",
            "high",
            "low",
            "close",
            "volume",
            "?",
            "?",
            "?",
            "?",
            "?",
            "?",
        ],
    )
df["close"] = pd.to_numeric(df["close"])
df["open"] = pd.to_numeric(df["open"])
```

计算 MACD 指标,代码如下:

```
#计算 MACD 指标
exp1 = df["close"].ewm(span = 12, adjust = False).mean()
exp2 = df["close"].ewm(span = 26, adjust = False).mean()
macd = exp1 - exp2
signal = macd.ewm(span = 9, adjust = False).mean()

if macd.iloc[-1] > signal.iloc[-1]:    #金叉
    print("出现金叉,建议做多")
elif macd.iloc[-1] < signal.iloc[-1]:  #死叉
    print("出现死叉,建议做空")
```

设置两种状态变量,一种是做多状态 longStat;另一种是做空状态 shortStat,代码如下:

```
#做多状态
longStat = False
#做空状态
shortStat = False
```

当出现买入信号时,判断一下做多状态 longStat,如果还未开仓,则开仓做多;如果已经开仓做空,则此时可以平空,代码如下:

```
print("出现金叉,建议做多")
if not longStat:
    #如果未开多,则开多
    print("开仓做多")
    ord = NewOrd(symbol, "BUY", qty, "LONG")
    ordInfo = getOrder(symbol, ord["orderId"])
    lastPrice = float(ordInfo["avgPrice"])

    longStat = True
```

```
if shortStat:
    #如果开空,则平空
    print("平空")
    NewOrd(symbol, "BUY", qty, "SHORT")
    shortStat = False
```

当出现卖出信号时,判断一下做空状态 shortStat,如果为开仓,则开仓做空;如果已经开仓做多,则此时可以平多,代码如下:

```
print("出现死叉,建议做空")
if not shortStat:
    #如果未开空,则开空
    print("开仓做空")
    ord = NewOrd(symbol, "SELL", qty, "SHORT")
    ordInfo = getOrder(symbol, ord["orderId"])
    lastPrice = float(ordInfo["avgPrice"])
    shortStat = True
if longStat:
    #如果开多,则平多
    print("平多")
    NewOrd(symbol, "SELL", qty, "LONG")
    shortStat = False
```

合约开仓操作的特点:开仓做多的买卖方向是 BUY,持仓方向是 LONG,开仓做空的买卖方向是 SELL,持仓方向是 SHORT。

合约平仓操作的特点:平仓的买卖方向要和开仓的买卖方向相反,平仓的持仓方向要和开仓的持仓方向一致。

币安合约开仓和平仓参数见表 6-1。

表 6-1 币安合约平仓和平仓参数

操作	简称	买卖方向 side	持仓方向 positionSide
开仓做多	开多	BUY	LONG
对做多的平仓	平多	SELL	LONG
开仓做空	开空	SELL	SHORT
对做空的平仓	平空	BUY	SHORT

币安 MACD 指标策略的完整代码如下:

```
#文件名:binanceFutureMacd.py
#计算 MACD 指标
import argparse
import pandas as pd
from binance.um_futures import UMFutures
from env import getApiKey
import time

#正式环境
```

```python
# key, secret = getApiKey("apiKey","apiSecret")
# client = UMFutures(key=key, secret=secret,
base_url = "https://api.binance.com")

# 测试网
key, secret = getApiKey("testFuturesKey", "testFuturesSecret")
client = UMFutures(key=key, secret=secret,
base_url = "https://testnet.binancefuture.com")

# 做多状态
longStat = False
# 做空状态
shortStat = False
symbol = "BTCUSDT"                              # 交易对
qty = 0.002                                     # 下单数量 BTC
lastPrice = 0                                   # 开仓价格
profit = 0.01                                   # 止盈点


# MACD信号
def macdStrategy(macd, signal):
    global symbol, qty, longStat, shortStat, lastPrice

    if (
        isinstance(macd, pd.Series)
        and isinstance(signal, pd.Series)
        and len(macd) > 1
        and len(signal) > 1
    ):
        if macd.iloc[-1] > signal.iloc[-1]:     # 金叉
            print("出现金叉,建议做多")
            if not longStat:
                # 如果未开多,则开多
                print("开仓做多")
                ord = NewOrd(symbol, "BUY", qty, "LONG")
                ordInfo = getOrder(symbol, ord["orderId"])
                lastPrice = float(ordInfo["avgPrice"])

                longStat = True
            if shortStat:
                # 如果开空,则平空
                print("平空")
                NewOrd(symbol, "BUY", qty, "SHORT")
                shortStat = False

        elif macd.iloc[-1] < signal.iloc[-1]:   # 死叉
            print("出现死叉,建议做空")
            if not shortStat:
                # 如果未开空,则开空
                print("开仓做空")
```

```python
                ord = NewOrd(symbol, "SELL", qty, "SHORT")
                ordInfo = getOrder(symbol, ord["orderId"])
                lastPrice = float(ordInfo["avgPrice"])
                shortStat = True
            if longStat:
                # 如果开多,则平多
                print("平多")
                NewOrd(symbol, "SELL", qty, "LONG")
                shortStat = False
        else:
            print("什么也不用做")
    else:
        print("数据不足")


def getKlines(symbol2, interval, limit):
    global client
    klines_data = client.klines(symbol2, interval, limit = limit)
    # print(klines_data)
    if all(isinstance(i, list) for i in klines_data):
        df = pd.DataFrame(
            klines_data,
            columns = [
                "timestamp",
                "open",
                "high",
                "low",
                "close",
                "volume",
                "?",
                "?",
                "?",
                "?",
                "?",
                "?",
            ],
        )
        df["close"] = pd.to_numeric(df["close"])
        df["open"] = pd.to_numeric(df["open"])

        # 计算 MACD 指标
        exp1 = df["close"].ewm(span = 12, adjust = False).mean()
        exp2 = df["close"].ewm(span = 26, adjust = False).mean()
        macd = exp1 - exp2
        signal = macd.ewm(span = 9, adjust = False).mean()
        macdStrategy(macd, signal)
        if lastPrice > 0:
            lastId = len(klines_data) - 1
            if longStat:
```

```python
                #做多利润
                diff = float(klines_data[lastId][4]) - lastPrice
                print("做多利润", diff * qty)
                if diff > profit:
                    #达到止盈点,平仓
                    ord = NewOrd(symbol, "SELL", qty, "LONG")
                    ordInfo = getOrder(symbol, ord["orderId"])
                    if ordInfo["status"] == "FILLED":
                        print("平仓完成")
            elif shortStat:
                #做空利润
                diff = lastPrice - float(klines_data[lastId][4])
                print("做空利润", diff * qty)
                if diff > profit:
                    #达到止盈点,平仓
                    ord = NewOrd(symbol, "BUY", qty, "SHORT")
                    ordInfo = getOrder(symbol, ord["orderId"])
                    if ordInfo["status"] == "FILLED":
                        print("平仓完成")
    else:
        print("Invalid klines data structure.")


def NewOrd(symb, side, qty2, positionSide):
    global client
    #开仓或平仓
    res = client.new_order(
        symbol = symb,
        side = side,
        type = "MARKET",
        quantity = qty2,
        positionSide = positionSide,
        #timeInForce = "GTC",
    )
    print("开仓或平仓")
    print(res)
    return res



#合约账户余额
def getBalance(asset):
    global client
    arr = client.balance(ecvWindow = 5000)
    print(arr)
    for item in arr:
        if item["asset"] == asset:
            return float(item["availableBalance"])
    return 0.00000000
```

```python
# 设置杠杆倍数
def setLeverage(leverage):
    global client
    client.change_leverage(symbol = symbol, leverage = leverage, recvWindow = 6000)


# 设置逐仓模式
def setMargin():
    global client
    client.change_margin_type(symbol = symbol, marginType = "CROSSED", recvWindow = 6000)


# 查询订单
def getOrder(symb, orderId):
    ord = client.query_order(symb, orderId)
    return ord


def main():
    global symbol, qty, profit
    parser = argparse.ArgumentParser(description = "命令行参数")
    parser.add_argument("--symbol", "-s", type = str, help = "交易对", required = True)
    parser.add_argument("--qty", "-q", type = float, help = "下单数量", required = True)
    parser.add_argument(
        "--profit", "-p", type = float, help = "止盈点", default = 0.01, required = True
    )
    args = vars(parser.parse_args())

    # 获取所有参数
    for key in args:
        # print(f"命令行参数名:{key},参数值:{args[key]}")
        if key == "symbol":
            symbol = args[key]
        elif key == "qty":
            qty = args[key]
        elif key == "profit":
            profit = args[key]
    print(symbol, qty, profit)
    # 设置杠杆倍数
    setLeverage(1)
    # 设置逐仓模式
    # setMargin()
    balance = getBalance("USDT")
    print("合约账户 USDT 的余额", balance)

    interval = "15m"                    # K线间隔为 15min
    limit = 50                          # K线数量
    print("MACD 信号策略", symbol, interval)

    while True:
```

```
        getKlines(symbol, interval, limit)
        time.sleep(30)                              # 休眠 30s


if __name__ == "__main__":
    main()
```

6.4 欧易 MACD 指标策略

本节使用欧易合约 API,实现 MACD 指标策略。

6.4.1 获取 K 线数据

K 线周期是 15min,数量是 50,代码如下:

```
marketApi = MarketData.MarketAPI(
    apiKey, apiSecretKey, passphrase, use_server_time = False, flag = "1")
# K 线间隔 15min,数量 50
data = marketApi.get_candlesticks(instId = instId, bar = "15m", limit = 50)
```

6.4.2 使用 Pandas 计算 MACD 指标

K 线数据中的 c 是收盘价,o 是开盘价,代码如下:

```
df = pd.DataFrame(
    klines_data,
    columns = [
        "ts",
        "o",
        "h",
        "l",
        "c",
        "?",
        "?",
        "?",
        "?",
    ],
)
df["c"] = pd.to_numeric(df["c"])
df["o"] = pd.to_numeric(df["o"])

# 计算 MACD 指标
exp1 = df["c"].ewm(span = 12, adjust = False).mean()
exp2 = df["c"].ewm(span = 26, adjust = False).mean()
macd = exp1 - exp2
signal = macd.ewm(span = 9, adjust = False).mean()
```

6.4.3　根据 MACD 指标中的金叉死叉信号来开仓平仓

定义两个变量来记录开空、开多状态,代码如下:

```
longStat = False    #开多状态
shortStat = False   #开空状态
```

当出现金叉信号时,既可以开仓做多,也可以平空,平空时需要把 shortStat 置为 False,代码如下:

```
print("出现金叉,建议做多")
if not longStat:
    #如果未开多,则开多
    print("开仓做多")
    ord = NewOrd(instId, "buy", qty, "long")
    if ord["code"] == "0":
        longStat = True

if shortStat:
    #如果开空,则平空
    print("平空")
    NewOrd(instId, "buy", qty, "short")
    shortStat = False
```

当出现死叉信号时,既可以开空,也可以平多,平多时需要把 longStat 置为 False,代码如下:

```
print("出现死叉,建议做空")
if not shortStat:
    #如果未开空,则开空
    print("开仓做空")
    ord = NewOrd(instId, "sell", qty, "short")
    if ord["code"] == "0":
        shortStat = True
if longStat:
    #如果开多,则平多
    print("平多")
    NewOrd(instId, "sell", qty, "long")
    longStat = False
```

6.4.4　开仓平仓 API

欧易合约开仓平仓的数量 sz 的单位是张数,1 张=0.001BTC,代码如下:

```
result = tradeAPI.place_order(
    instId = "BTC-USDT-SWAP",    #交易对
    ccy = "USDT",                #保证金币种
    tdMode = "isolated",         #模式为逐仓
```

```
        side = "buy",                    # 买卖方向为买入
        posSide = "long",                # 持仓方向,long 为做多,short 为做空
        ordType = "market",              # 订单类型为市价单
        sz = 1,                          # 下单数量,单位为张数
    )
    print("开仓或平仓", result)
```

完整代码如下:

```
# 文件名:okMacd.py
import argparse
import pandas as pd
from okx import MarketData
from okx import Trade
from env import getOkApiKey
import time

apiKey, apiSecretKey, passphrase = getOkApiKey(
    "okTestKey", "okTestSecret", "passphrase"
)

tradeAPI = Trade.TradeAPI(
    apiKey, apiSecretKey, passphrase, False, flag = "1"   # 0 为实盘,1 为模拟盘
)

instId = "BTC-USDT-SWAP"                 # 交易对
qty = 1                                   # 下单数量为张数,1 张 = 0.001BTC
longStat = False                          # 开多状态
shortStat = False                         # 开空状态


# MACD 信号策略
def macd_strategy(macd, signal):
    global instId, qty, longSz, shortSz

    if (
        isinstance(macd, pd.Series)
        and isinstance(signal, pd.Series)
        and len(macd) > 1
        and len(signal) > 1
    ):
        if macd.iloc[-1] > signal.iloc[-1]:           # 金叉
            print("出现金叉,建议做多")
            if not longStat:
                # 如果未开多,则开多
                print("开仓做多")
                ord = NewOrd(instId, "buy", qty, "long")
                if ord["code"] == "0":
                    longStat = True
```

```python
            if shortStat:
                #如果开空,则平空
                print("平空")
                NewOrd(instId, "buy", qty, "short")
                shortStat = False
        elif macd.iloc[-1] < signal.iloc[-1]: #死叉
            print("出现死叉,建议做空")
            if not shortStat:
                #如果未开空,则开空
                print("开仓做空")
                ord = NewOrd(instId, "sell", qty, "short")
                if ord["code"] == "0":
                    shortStat = True
            if longStat:
                #如果开多,则平多
                print("平多")
                NewOrd(instId, "sell", qty, "long")
                longStat = False
        else:
            print("什么也不用做")
    else:
        print("数据不足")


#获取K线数据
def getKlines(instId, bar, limit):
    marketApi = MarketData.MarketAPI(
        apiKey, apiSecretKey, passphrase, use_server_time=False, flag="1"
    )
    data = marketApi.get_candlesticks(instId=instId, bar=bar, limit=limit)
    #print(data)
    klines_data = data["data"]
    #print(klines_data)
    if all(isinstance(i, list) for i in klines_data):
        df = pd.DataFrame(
            klines_data,
            columns=[
                "ts",
                "o",
                "h",
                "l",
                "c",
                "?",
                "?",
                "?",
                "?",
            ],
        )
        #转换收盘价和开盘价字段到数值型值
```

```python
        df["c"] = pd.to_numeric(df["c"])
        df["o"] = pd.to_numeric(df["o"])

        # 计算 MACD 信号线
        exp1 = df["c"].ewm(span = 12, adjust = False).mean()
        exp2 = df["c"].ewm(span = 26, adjust = False).mean()
        macd = exp1 - exp2
        signal = macd.ewm(span = 9, adjust = False).mean()
        macd_strategy(macd, signal)
    else:
        print("Invalid klines data structure.")


# 开仓或平仓
def NewOrd(instId, side, qty, positionSide):
    result = tradeAPI.place_order(
        instId = instId,                        # 交易对
        ccy = "USDT",                           # 保证金币种
        tdMode = "isolated",                    # 模式为逐仓
        side = side,                            # 买卖方向为买入
        posSide = positionSide,                 # 持仓方向,long 为做多,short 为做空
        ordType = "market",                     # 订单类型为市价单
        sz = qty,                               # 下单数量,单位为张数
    )
    print("开仓或平仓", result)
    return result

def main():
    global symbol, qty
    parser = argparse.ArgumentParser(description = "命令行参数")
    parser.add_argument("--symbol", "-s", type = str, help = "交易对", required = True)
    parser.add_argument("--qty", "-q", type = float, help = "下单数量", required = True)
    args = vars(parser.parse_args())

    # 获取所有参数
    for key in args:
        # print(f"命令行参数名:{key},参数值:{args[key]}")
        if key == "symbol":
            symbol = args[key]
        elif key == "qty":
            qty = args[key]
    print(symbol, qty)

    interval = "15m"                            # K 线间隔为 15min
    limit = 50                                  # K 线数量
    print("MACD 信号策略", symbol, interval)
    while True:
        getKlines(instId, interval, limit)
        time.sleep(30)                          # 休眠 30s


if __name__ == "__main__":
    main()
```

6.5　币安 RSI 指标策略

相当强弱指标（Relative Strength Index，RSI）是一种用于衡量市场超买/超卖情况的技术指标，也就是市场买卖双方力量强弱的技术指标，如图 6-15 所示，当 RSI＞70 时处于超买状态，买方开始走弱，这是卖出或做空的时机。当 RSI＜30 时处于超卖状态，卖方开始走弱，是买入或做多的时机。

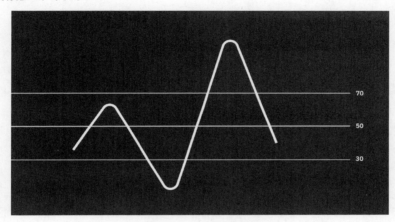

图 6-15　RSI 指标图像

6.5.1　获取命令行参数

为了使程序更加通用，程序中用到的交易对和 K 线间隔频率这两个参数通过命令行来获取，首先导入 argparse 模块，代码如下：

```python
import argparse
```

通过命令行参数获取交易对 symbol 和间隔频率 interval，代码如下：

```python
parser = argparse.ArgumentParser(description = "命令行参数")
parser.add_argument("-- symbol", "- s", type = str, help = "交易对", required = True)
parser.add_argument("-- interval", "- i", type = str, help = "频率", required = True)
args = vars(parser.parse_args())
# 获取所有参数
for key in args:
    # print(f"命令行参数名:{key},参数值:{args[key]}")
    if key == "symbol":
        symbol = args[key]
    elif key == "interval":
        interval = args[key]
print("RSI 信号策略", symbol, interval)
```

6.5.2 获取 K 线数据

K 线数量是 50,代码如下:

```
klines_data = client.klines(symbol, interval, limit = 50)
```

6.5.3 计算 RSI 指标

在程序源代码最开头位置引入 Pandas 模块,输入下面的代码:

```
import pandas as pd
```

使用 Pandas 的 DataFrame 来处理 K 线数据,并计算 RSI 指标。DataFrame 是一种表格类型的数据结构,用 K 线数据中的字段设置 DataFrame 对应的列,不需要处理的字段填问号,代码如下:

```
df = pd.DataFrame(
    klines_data,
    columns = [
        "timestamp",
        "open",
        "high",
        "low",
        "close",
        "volume",
        "?",
        "?",
        "?",
        "?",
        "?",
        "?",
    ],
)
df["close"] = pd.to_numeric(df["close"])
```

计算 RSI 指标,代码如下:

```
#计算 RSI 指标
def calculate_rsi(data, window = 14):
    delta = data.diff()
    gain = (delta > 0) * delta
    loss = (delta < 0) * -delta

    rollUp = gain.rolling(window = window).mean()
    rollDown = loss.rolling(window = window).mean()
```

```python
        rs = rollUp / rollDown
        rsi = 100 - (100 / (1 + rs))
        return rsi

rsi = calculate_rsi(df["close"])
if rsi is not None:
    lastRsi = rsi.iloc[-1]
    if lastRsi >= 70:
        print("超买状态,建议卖出")
    elif lastRsi <= 30:
        print("超卖状态,建议买入")
    else:
        print("建议持续观察")
```

币安 RSI 指标策略,代码如下:

```python
#文件名:binanceRsi2.py
import argparse
import pandas as pd
from binance.spot import Spot

#币安现货 API
client = Spot()
symbol = "BTCUSDT"
interval = "15m"


def calculate_rsi(data, window=14):
    delta = data.diff()
    gain = (delta > 0) * delta
    loss = (delta < 0) * -delta

    rollUp = gain.rolling(window=window).mean()
    rollDown = loss.rolling(window=window).mean()

    rs = rollUp / rollDown
    rsi = 100 - (100 / (1 + rs))
    return rsi

#K线数据
def getKlines(symbol, interval, limit):
    try:
        klines_data = client.klines(symbol, interval, limit=limit)
        df = pd.DataFrame(
            klines_data,
            columns=[
                "timestamp",
                "open",
                "high",
                "low",
```

```python
                    "close",
                    "volume",
                    "?",
                    "?",
                    "?",
                    "?",
                    "?",
                    "?",
                ],
            )
        df["close"] = pd.to_numeric(df["close"])
        rsi = calculate_rsi(df["close"])
        print(f"RSI: {rsi.iloc[-1]}")
        return rsi
    except Exception as e:
        print(f"Error retrieving data: {e}")


def main():
    limit = 50
    global symbol, interval
    rsi = getKlines(symbol, interval, limit)
    if rsi is not None:
        lastRsi = rsi.iloc[-1]
        if lastRsi >= 70:
            print("建议卖出")
        elif lastRsi <= 30:
            print("建议买入")
        else:
            print("建议持续观察")


if __name__ == "__main__":
    parser = argparse.ArgumentParser(description="命令行参数")
    parser.add_argument("--symbol", "-s", type=str, help="交易对", required=True)
    parser.add_argument("--interval", "-i", type=str, help="频率", required=True)
    args = vars(parser.parse_args())
    # 获取所有参数
    for key in args:
        # print(f"命令行参数名:{key},参数值:{args[key]}")
        if key == "symbol":
            symbol = args[key]
        elif key == "interval":
            interval = args[key]
    print("RSI 信号策略", symbol, interval)
    main()
```

6.6 欧易 RSI 指标策略

本节使用欧易合约 API,实现 RSI 指标策略,代码逻辑和币安 RSI 策略基本相同,只是获取 K 线的方法名称不同。

K 线周期是 15min,数量是 50,代码如下:

```python
response = marketApi.get_candlesticks(instId = "BTC-USDT", bar = "15m", limit = 50)
```

欧易 RSI 策略,代码如下:

```python
# 文件名:okRsi2.py
import argparse
from okx import MarketData
from env import getOkApiKey
import pandas as pd

apiKey, apiSecretKey, passphrase = getOkApiKey(
    "okTestKey", "okTestSecret", "passphrase"
)

instId = "BTC-USDT"
bar = "15m"
marketApi = MarketData.MarketAPI(
    apiKey, apiSecretKey, passphrase, use_server_time = False, flag = "1"
)


def calculate_rsi(data, window = 14):
    delta = data.diff()
    gain = (delta > 0) * delta
    loss = (delta < 0) * -delta

    rollUp = gain.rolling(window = window).mean()
    rollDown = loss.rolling(window = window).mean()

    rs = rollUp / rollDown
    rsi = 100 - (100 / (1 + rs))
    return rsi


def get_klines(marketApi, instId, bar, limit):
    try:
        response = marketApi.get_candlesticks(instId = instId, bar = bar, limit = limit)
        klinesData = response["data"]
        df = pd.DataFrame(
            klinesData,
```

```python
            columns = ["timestamp", "open", "high", "low", "close", "?", "?", "?", "?"],
        )
        df["close"] = pd.to_numeric(df["close"])
        rsi = calculate_rsi(df["close"])
        print(f"RSI: {rsi.iloc[-1]}")
        return rsi
    except Exception as e:
        print(f"Error retrieving data: {e}")
        return pd.DataFrame()


def main():

    global instId, bar
    limit = "50"

    rsi = get_klines(marketApi, instId, bar, limit)
    if rsi is not None:
        lastRsi = rsi.iloc[-1]
        print("RSI", lastRsi)
        if lastRsi >= 70:
            print("建议卖出")
        elif lastRsi <= 30:
            print("建议买入")
        else:
            print("建议持续观察")
    else:
        print("No data available to compute RSI.")


if __name__ == "__main__":
    parser = argparse.ArgumentParser(description="命令行参数")
    parser.add_argument("--instId", "-i", type=str, help="交易对", required=True)
    parser.add_argument("--bar", "-b", type=str, help="频率", required=True)
    args = vars(parser.parse_args())
    # 获取所有参数
    for key in args:
        # print(f"命令行参数名:{key},参数值:{args[key]}")
        if key == "instId":
            instId = args[key]
        elif key == "bar":
            bar = args[key]
    print("RSI 信号策略", instId, bar)
    main()
```

6.7 币安币价波动监视机器人

本节讲解如何定制一个聊天机器人,用来接收币价波动的推送消息,使用币安 K 线 API,监测币价波动,当波动大于我们预设的一个值时,给 Telegram 机器人发送消息。

Telegram 也被称为 TG 或电报，是一个开源的即时通信软件。

6.7.1　注册一个聊天机器人（Bot）

在 Telegram 中打开与@BotFather 的对话框，如图 6-16 所示。

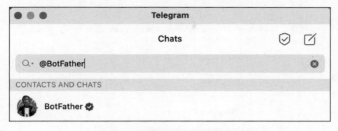

图 6-16　向 BotFather 发消息

然后发送 start 指令，这是和 Telegram 机器人交互的指令，指令前面都要加上一个"/"符号，如图 6-17 所示。

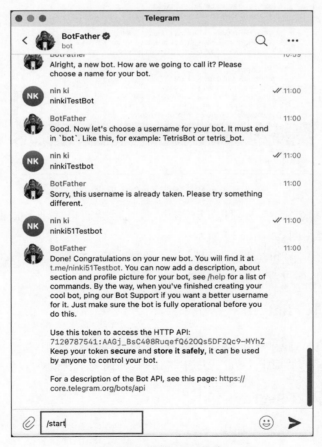

图 6-17　发送 start 指令

发送 newbot 指令，创建聊天机器人，如图 6-18 所示。

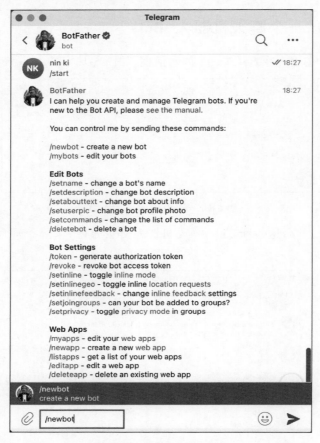

图 6-18　发送 newbot 指令

给聊天机器人起名，名字必须以 bot 结尾，成功后会获得一个 token，记下这个 token，在 Python 程序中将用到，如图 6-19 所示。

单击"t.me/PyBlockchainBot."链接，开启聊天机器人对话，如图 6-20 所示。

单击 Start 按钮，即可进入聊天机器人对话页面。

6.7.2　获取 chat_id

给@kmua 发消息，即可获得 chat_id（聊天 id），如图 6-21 所示。

记下这个 chat_id，后面 Python 程序中将用到，如图 6-22 所示。

6.7.3　导入 Telegram 包

导入 telegram bot 包，指令如下：

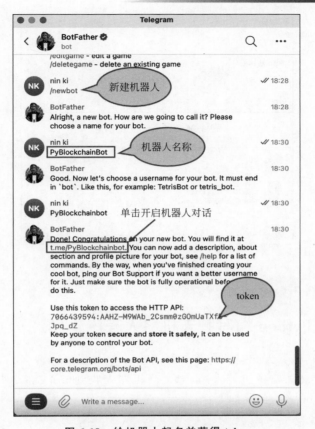

图 6-19　给机器人起名并获得 token

图 6-20　开启聊天机器人对话

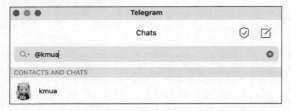

图 6-21　给 kmua 发消息

图 6-22　获取 chat_id

```
pip install python-telegram-bot --upgrade
```

6.7.4　用 Python 编写聊天机器人程序

首先定义两个和机器人交互的指令 start 和 price。当机器人收到 start 指令时,返回一个"你好～我是币价波动监视机器人"消息。当机器人收到 price 指令时,返回当前币价信息。导入 telegram bot 包,代码如下：

```
from telegram import Update
from telegram.ext import (
    ApplicationBuilder,
    ContextTypes,
    CommandHandler,
)
```

定义聊天机器人 token,代码如下：

```
# 机器人 token
token = "7066439594:AAHZ-M9WAb_2Csmm0zGOmUaTXf5-Jpq_dZ"
```

定义机器人交互指令的 handler,用于处理我们发出的指令,代码如下：

```
# 定义处理 start 指令的函数
start_handler = CommandHandler("start", start)
# 定义处理 price 指令的函数
price_handler = CommandHandler("price", price)
```

构建机器人主程序,并绑定两个处理指令的 handler,代码如下：

```
# 构建 bot
application = ApplicationBuilder().token(token).build()
# 注册 handler,绑定指令和对应的处理函数
```

```
application.add_handler(start_handler)
application.add_handler(price_handler)
#运行聊天机器人
application.run_polling()
```

接收并处理用户输入的 start 指令的函数,收到用户发出的 start 指令,立刻回复信息,代码如下：

```
async def start(update: Update, context: ContextTypes.DEFAULT_TYPE):
    text = "你好~我是币价波动监视机器人"
    await context.bot.send_message(chat_id = update.effective_chat.id, text = text)
```

机器人接收处理 start 指令的运行效果如图 6-23 所示。

图 6-23　机器人接收处理 start 指令

接下来实现查询当前币价的 price 指令,币价信息来源于币安交易所的 K 线推送数据,代码如下：

```
async def price(update: Update, context: ContextTypes.DEFAULT_TYPE):
    global symbol, lastPrice
    p = f"{symbol}当前价格:{lastPrice}"
    await context.bot.send_message(chat_id = update.effective_chat.id, text = p)
```

最后实现币价波动的推送消息,导入币安的 K 线行情数据包和 JSON 解析包,代码如下：

```
from binance.websocket.spot.websocket_stream import SpotWebsocketStreamClient
import json
```

订阅币安 WebSocket 行情数据,间隔是 1min,通过 message_handler 函数来接收行情数,代码如下：

```
client = SpotWebsocketStreamClient(on_message = message_handler)
#订阅 BTCUSDT 最新 K 线数据,参数:交易对 = btcusdt,间隔 = 1min
client.kline(symbol = symbol, interval = "1m")
```

定义一个变量 lastPrice,用来记录上次的币价,代码如下：

```
lastPrice = 0
```

实现 message_handler 函数,处理行情数据,并且计算价格波动,每当收到新的 K 线数据就和 lastPrice 比较一下,计算价差,当价差大于万分之一(可以修改这个值以满足自己的需求),则将消息发送给机器人,代码如下:

```
def message_handler(_, msg):
    global symbol, lastPrice
    data = json.loads(msg)
    if data.__contains__("k"):
        print("交易对", data["k"]["s"])
        price = float(data["k"]["c"])
        print("最后 1 笔成交价", price)
        diff = abs(price - lastPrice)
        if lastPrice > 0 and diff > price * 0.0001:
            msg = f"{symbol}价格波动大于百分之 0.01,当前价格{price}"
            print(msg)
            sendMsg(msg)
        lastPrice = price
```

将消息推送给聊天机器人的方法,代码如下:

```
import requests
def sendMsg(msg):
    global token, chat_id
    msg2 = urllib.parse.quote_plus(msg)
    url = (
        f"https://api.telegram.org/bot{token}/sendMessage?chat_id={chat_id}&text={msg2}"
    )
    requests.get(url, timeout=10)
```

聊天机器人界面效果如图 6-24 所示。

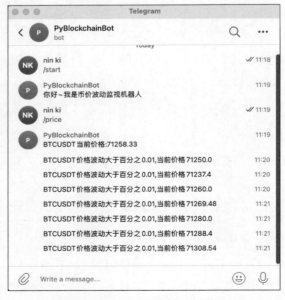

图 6-24　聊天机器人界面效果

这样一个用指令进行交互，并且能推送币价信息的聊天机器人就完成了，完整代码如下：

```python
# 文件名：binanceTeleBot.py
import urllib
import requests
from binance.websocket.spot.websocket_stream import SpotWebsocketStreamClient
import json
from telegram import Update
from telegram.ext import (
    ApplicationBuilder,
    ContextTypes,
    CommandHandler,
)

token = "7066439594:AAHZ-M9WAb_2Csmm0zGOmUaTXf5-Jpq_dZ"
chat_id = "5495417115"
symbol = "BTCUSDT"
lastPrice = 0


def message_handler(_, msg):
    global symbol, lastPrice
    data = json.loads(msg)
    if data.__contains__("k"):
        print("交易对", data["k"]["s"])
        price = float(data["k"]["c"])
        print("最后 1 笔成交价", price)
        diff = abs(price - lastPrice)
        if lastPrice > 0 and diff > price * 0.0001:
            msg = f"{symbol}价格波动大于百分之 0.01,当前价格{price}"
            print(msg)
            sendMsg(msg)
        lastPrice = price


def sendMsg(msg):
    global token, chat_id
    msg2 = urllib.parse.quote_plus(msg)
    url = (
        f"https://api.telegram.org/bot{token}/sendMessage?chat_id={chat_id}&text={msg2}"
    )
    requests.get(url, timeout=10)


async def start(update: Update, context: ContextTypes.DEFAULT_TYPE):
    """响应 start 命令"""
    text = "你好～我是币价波动监视机器人"
    await context.bot.send_message(chat_id=update.effective_chat.id, text=text)
```

```python
async def price(update: Update, context: ContextTypes.DEFAULT_TYPE):
    global symbol, lastPrice
    p = f"{symbol}当前价格:{lastPrice}"
    await context.bot.send_message(chat_id=update.effective_chat.id, text=p)


def main():
    global symbol
    client = SpotWebsocketStreamClient(on_message=message_handler)
    # 订阅 BTCUSDT 最新 K 线数据,参数:交易对 = btcusdt,间隔 = 1min
    client.kline(symbol=symbol, interval="1m")
    start_handler = CommandHandler("start", start)
    price_handler = CommandHandler("price", price)

    # 构建 bot
    application = ApplicationBuilder().token(token).build()
    # 注册 handler
    application.add_handler(start_handler)
    application.add_handler(price_handler)
    # run!
    application.run_polling()


if __name__ == "__main__":
    main()
```

上面的程序运行后,就可以在 Telegram 中和机器人对话并接收推送消息了,但一旦关闭登录服务器的终端窗口,机器人程序也就中断了,要想让这个机器人程序一直在服务器后台运行,需要用下面的 nohup 指令来运行,这样即使关闭了终端窗口,程序也会一直在服务器后台运行。

启动后台运行方式的指令如下:

```
nohup python3 binanceTeleBot.py > telegramBot.log 2>&1 &
```

6.8 欧易币价波动监视机器人

欧易聊天机器人界面效果,如图 6-25 所示。
实现欧易聊天机器人的完整代码如下:

```python
# 文件名:okTeleBot.py
import urllib
import requests
import asyncio
import json

from okx.websocket.WsPublicAsync import WsPublicAsync
```

```python
token = "7066439594:AAHZ-M9WAb_2Csmm0zGOmUaTXf5-Jpq_dZ"
chat_id = "5495417115"
symbol = "BTC-USDT"
lastPrice = 0

def publicCallback(message):
    global lastPrice
    try:
        msg = json.loads(message)
        #print("数据", msg)
        print(msg["arg"]["instId"])
        price = float(msg["data"][0][3])
        print("价格", price)
        diff = abs(price - lastPrice)
        if lastPrice > 0 and diff > price * 0.0001:
            msg = f"欧易交易所,{symbol}价格波动大于百分之0.01,当前价格{price}"
            print(msg)
            sendMsg(msg)
        lastPrice = price
    except json.JSONDecodeError as e:
        print("JSON decode error:", e)
    except KeyError as e:
        print(f"Key error: {e} - the key is not in the JSON structure")


def sendMsg(msg):
    global token, chat_id
    msg2 = urllib.parse.quote_plus(msg)
    url = (
        f"https://api.telegram.org/bot{token}/sendMessage?chat_id={chat_id}&text={msg2}"
    )
    requests.get(url, timeout=10)


async def getKline():
    global symbol
    url = "wss://wsaws.okx.com:8443/ws/v5/business"
    ws = WsPublicAsync(url=url)
    await ws.start()
    args = []
    arg1 = {"channel": "index-candle1m", "instType": "SPOT", "instId": symbol}
    args.append(arg1)
    await ws.subscribe(args, publicCallback)
    while True:
        await asyncio.sleep(1)


if __name__ == "__main__":
    asyncio.run(getKline())
```

图 6-25　欧易聊天机器人界面效果

6.9　币安捕捉插针策略机器人

插针行情,英文 Flash Crash(闪电崩盘)是一种币价瞬间大跌,然后又迅速回归正常价格的情况,在 K 线图上表现为一根很长的大直线,插针行情能让一些合约用户瞬间爆仓,例如一些合约用户,开了 10 倍杠杆做多,一旦价格波动 10%,即可爆仓,如图 6-26 所示。

图 6-26　插针行情界面

如何捕捉插针并获利呢？思路是这样的,根据 K 线行情数据,在当前市价的下方,保持一定距离,挂一个限价单,例如当前市价是 64000USDT,就在 63360USDT 位置(当前价下跌 1% 的价格),挂一个限价买单,间隔 1min 后,查询一下限价订单状态,如果状态为

FILLED 或 PARTIALLY_FILLED，则表示订单已经成交，此时已经捕捉插针成功，立刻下一个限价卖单，卖单价格为买入价格＋利润，卖单的下单数量需要从查询订单中的 executedQty 字段获取，等价格回归时就可获利了；如果订单状态是 NEW，则表示订单未成交，取消这个订单，在当前市价基础上减去 1% 的价格位置，再挂一个限价买单，不断重复这个过程，直到订单命中，如图 6-27 所示。

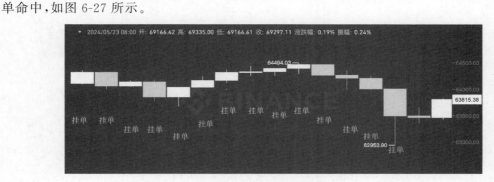

图 6-27　捕捉插针界面

这个策略的风险在于，如果是急速下跌的行情，捕捉到插针，但价格继续下跌，就会被套住或亏损，所以使用这个策略的前提条件是，避免在下跌行情中使用，如图 6-28 所示。

图 6-28　捕捉插针亏损情况界面

6.9.1　获取 K 线数据

K 线周期是 1min，K 线数量是 50，代码如下：

```
symbol = "BTCUSDT"  # 交易对
wsClient = SpotWebsocketStreamClient(on_message = message_handler)
# K 线时间间隔为 1min
wsClient.kline(symbol = symbol, interval = "1m")

def message_handler(_, msg):
    data = json.loads(msg)
    print("交易对", data["k"]["s"],"市价",data["k"]["c"])
```

6.9.2　实现下单函数

实现限价单函数，输入参数：交易对（symbol）、方向（side）、价格（price）、数量（qty），下单后返回订单ID，代码如下：

```python
＃限价单
def newLimitOrd(symbol, side, price, qty):
    params = {
        "symbol": symbol,
        "side": side,
        "type": "LIMIT",
        "timeInForce": "GTC",
        "quantity": qty,
        "price": price,
    }
    response = client.new_order(**params)    ＃返回的订单信息
    ordId = response["orderId"]              ＃订单ID
    return ordId
```

6.9.3　实现取消所有订单函数

目标是取消之前此交易对的所有挂单，需要输入的参数是交易对，代码如下：

```python
＃取消所有订单
def cancelAllOrder(symbol):
    try:
        response = client.cancel_open_orders(symbol)
        ＃取消成功,状态是 CANCELED
        print("取消所有订单", response["status"])
    except Exception as e:
        print(f"取消所有订单错误: {e}")
```

6.9.4　实现取消订单函数

目标是取消上一个周期的挂单，需要输入的参数是交易对和上一个订单的ID，代码如下：

```python
＃取消订单
def cancelOrder(symbol, ordId):
    try:
        response = client.cancel_order(symbol, orderId=ordId)
        ＃取消成功,状态是 CANCELED
        print("取消订单结果", response["status"])
    except Exception as e:
        print(f"取消订单错误: {e}")
```

6.9.5 获取下单数量精度函数

每个交易对下单数量的精度（也就是最大小数位）可能是不同的，例如 BTCUSDT 下单数量精度是 5，ETHUSDT 下单数量精度是 4，如果下单数量精度错误，则会导致下单失败，因此，我们通过命令行参数输入下单数量 qty 的小数位时一定要等于该交易对允许的最大小数位，代码如下：

```
#计算小数位
def setDecimalNum(qty):
    global decimalNum
    arr = qty.split(".")
    if len(arr) > 0:
        decimalNum = len(arr[1])
    else:
        decimalNum = 0
    print(f"设置小数位长度为{decimalNum}")
```

BTCUSDT 交易对的下单数量 qty，可以输入 0.00101，保持精度是 5 位，ETHUSDT 交易对的下单数量精度，输入 0.0101，保持 4 位小数，然后程序中的 setDecimalNum 函数就能把下单数量精度存入 decimalNum 这个变量里，以便在下单时保持同样的精度。

6.9.6 获取价格精度函数

从行情 API 获得的价格，小数点后会有很多个 0，例如 BTC 当前市价是 67988.15000000，可以先用 rstrip 函数把多余的 0 去掉，再获得精度，代码如下：

```
#计算价格的精度,也就是小数位
def getPriceDecimalNum(price):
    arr = price.split(".")
    if len(arr) > 0:
        num = arr[1].rstrip("0")
        numLen = len(num)
        return numLen
    else:
        return 0
```

6.9.7 程序主要逻辑

首先挂一个买单，并获得订单 ID，然后在下一个时间周期用这个订单 ID 查询订单状态，如果订单状态是 NEW，表示未成交，取消订单，在新的位置再挂一个买单，如果订单状态是 FILLED，则表示完全成交；如果订单状态是 PARTIALLY_FILLED，则表示部分成交，挂一个卖单卖出获利，卖单的价格是买入价＋利润，下单数量需要用查询订单信息中的 executedQty 字段的值，这个值代表实际成交的数量，代码如下：

```python
    ordId = ""
    success = False
    if not success and ordId == "":
        #首次挂单
        ordId = newLimitOrd(symbol, "BUY", f"{newPrice}", qty)
        print(
            f"首次挂单:订单 id = {ordId},交易对 = {symbol},方向 = BUY,价格 = {newPrice},数量 = {qty}"
        )
    elif not success and ordId != "":
        #检查订单是否成交
        ord = getOrder(symbol, ordId)
        #如果状态是 NEW,则表示未成交
        if ord["status"] == "NEW":
            #取消订单
            cancelOrder(symbol, ordId)
            print("取消订单 id", ordId)
            #重新挂单
            ordId = newLimitOrd(symbol, "BUY", f"{newPrice}", qty)
            print(
                f"移动挂单:订单 id = {ordId},交易对 = {symbol},方向 = BUY,价格 = {newPrice},数量 = {qty}")
        elif ord["status"] == "FILLED" or ord["status"] == "PARTIALLY_FILLED":
            #命中
            success = True
            print(f"订单 id = {ordId}命中")
    elif success and ordId != "":
        #命中,计算盈利价格
        ord = getOrder(symbol, ordId)
        #获得订单执行价格
        orderPrice = float(ord["price"])
        #价格精度
        priceDecimalNum = getPriceDecimalNum(ord["price"])
        #计算盈利价格
        profitPrice = orderPrice + orderPrice * profit
        #保持正确的小数位
        profitPrice = round(profitPrice, priceDecimalNum)
        #获取订单的执行数量
        executedQty = float(ord["executedQty"])
        #cummulativeQuoteQty = float(ord["cummulativeQuoteQty"])
        #保持精度
        executedQty = round(executedQty, qtyDecimalNum)
        try:
            ordId2 = newLimitOrd(
                symbol, "SELL", f"{profitPrice}", f"{executedQty}"
            )
            print(
                f"挂单信息:订单 id = {ordId2},交易对 = {symbol},方向 = SELL,价格 = {profitPrice},数量 = {executedQty}"
```

```
        )
        print(" ======= 完成挂卖出单,等待成交获利 ====== ")
        print(" ====== 退出 ====== ")
        ordId = ""
        wsClient.stop()
    except Exception as e:
        print(" ======= 挂卖出单错误 ======= ")
        print(e)
```

完整代码如下:

```python
# 文件名:binanceFlashCrash.py
# 插针策略
import argparse
import json
import time
from binance.spot import Spot
from binance.websocket.spot.websocket_stream import SpotWebsocketStreamClient
from env import getApiKey


symbol = "BTCUSDT"                       # 交易对
qty = "1.0"                              # 下单数量
dip = 0.01                               # 下单幅度百分比
profit = 0.002                           # 计划盈利
# False 表示还未捕捉到插针,True 表示已经命中
success = False
# 订单 ID
ordId = ""
# 下单数量的精度,也就是小数位数
qtyDecimalNum = 0

# 上次推送的时间戳
lastTm = 0

# 获取 API Key 和 Secret
testKey, testSecret = getApiKey("testKey", "testSecret")
client = Spot(testKey, testSecret, base_url="https://testnet.binance.vision")


# 限价单
def newLimitOrd(symbol, side, price, qty):
    params = {
        "symbol": symbol,
        "side": side,
        "type": "LIMIT",
        "timeInForce": "GTC",
        "quantity": qty,
        "price": price,
    }
    print(params)
```

```python
    response = client.new_order(**params)   # 返回的订单信息
    ordId = response["orderId"]             # 订单 ID
    return ordId


# 查询订单
def getOrder(symbol, ordId):
    try:
        ord = client.get_order(symbol, orderId = ordId)
        print(ord)
        print("订单状态", ord["status"])
        return ord
    except Exception as e:
        print(f"查询订单错误：{e}")
        return ord


# 取消订单
def cancelOrder(symbol, ordId):
    try:
        response = client.cancel_order(symbol, orderId = ordId)
        # 取消成功,状态是 CANCELED
        print("取消订单结果", response["status"])
    except Exception as e:
        print(f"取消订单错误：{e}")


# 取消所有订单
def cancelAllOrder(symbol):
    try:
        response = client.cancel_open_orders(symbol)
        # 取消成功,状态是 CANCELED
        print("取消所有订单", response["status"])
    except Exception as e:
        print(f"取消所有订单错误：{e}")


# 计算下单数量的精度,也就是小数位
def setqtyDecimalNum(qty):
    global qtyDecimalNum
    arr = qty.split(".")
    if len(arr) > 0:
        qtyDecimalNum = len(arr[1])
    else:
        qtyDecimalNum = 0
    print(f"将小数位长度设置为{qtyDecimalNum}")


# 计算价格的精度,也就是小数位
```

```python
def getPriceDecimalNum(price):
    arr = price.split(".")
    if len(arr) > 0:
        num = arr[1].rstrip("0")
        numLen = len(num)
        return numLen
    else:
        return 0


def message_handler(_, msg):
    global symbol, dip, ordId, qtyDecimalNum, profit, success, lastTm
    tm = time.time()
    during = int(tm - lastTm)
    data = json.loads(msg)
    if data.__contains__("k") and (during >= 60 or lastTm == 0 or success):
        print("交易对", data["k"]["s"], "价格", data["k"]["c"])
        # 当前收盘价
        price = float(data["k"]["c"])
        # 价格精度
        priceDecimalNum = getPriceDecimalNum(data["k"]["c"])
        print(f"当前价格={price},价格精度={priceDecimalNum},间隔时间{during}秒")
        lastTm = tm
        # 新挂单价格
        newPrice = price - price * dip
        newPrice = round(newPrice, priceDecimalNum)
        if not success and ordId != "":
            # 检查订单是否成交
            ord = getOrder(symbol, ordId)
            # 如果状态是 NEW,则表示未成交
            if ord["status"] == "NEW":
                # 取消订单
                cancelOrder(symbol, ordId)
                print("取消订单 id", ordId)
                # 重新挂单
                ordId = newLimitOrd(symbol, "BUY", f"{newPrice}", qty)
                print(
                    f"移动挂单:订单 id={ordId},交易对={symbol},方向=BUY,价格={newPrice},数量={qty}"
                )
            elif ord["status"] == "FILLED" or ord["status"] == "PARTIALLY_FILLED":
                # 命中
                success = True
                print(f"订单 id={ordId}命中")

        elif not success and ordId == "":
            # 首次挂单
            ordId = newLimitOrd(symbol, "BUY", f"{newPrice}", qty)
            print(
```

```python
                    f"首次挂单:订单 id = {ordId},交易对 = {symbol},方向 = BUY,价格 = {newPrice},数量 = {qty}"
                )
            elif success and ordId != "":
                # 命中,计算盈利价格
                ord = getOrder(symbol, ordId)
                # 获得订单执行价格
                orderPrice = float(ord["price"])
                # 价格精度
                priceDecimalNum = getPriceDecimalNum(ord["price"])
                # 计算盈利价格
                profitPrice = orderPrice + orderPrice * profit
                # 保持正确的小数位
                profitPrice = round(profitPrice, priceDecimalNum)
                # 获取订单的执行数量
                executedQty = float(ord["executedQty"])
                # cummulativeQuoteQty = float(ord["cummulativeQuoteQty"])
                # 保持精度
                executedQty = round(executedQty, qtyDecimalNum)
                try:
                    ordId2 = newLimitOrd(
                        symbol, "SELL", f"{profitPrice}", f"{executedQty}"
                    )
                    print(
                        f"挂单信息:订单 id = {ordId2},交易对 = {symbol},方向 = SELL,价格 = {profitPrice},数量 = {executedQty}"
                    )
                    print(" ======= 完成挂卖出单,等待成交获利 ======= ")
                    print(" ====== 退出 ====== ")
                    ordId = ""
                    wsClient.stop()
                except Exception as e:
                    print(" ======= 挂卖出单错误 ======= ")
                    print(e)


wsClient = SpotWebsocketStreamClient(on_message = message_handler)


def main():
    global symbol
    # 订阅 BTCUSDT 最新 K 线数据,参数:交易对 = btcusdt,频率 = 1s
    wsClient.kline(symbol = symbol, interval = "1m")


if __name__ == "__main__":
    # global symbol, qty, dip, profit
    parser = argparse.ArgumentParser(description = "命令行参数")
    parser.add_argument("--symbol", "-s", type = str, help = "交易对", required = True)
```

```
    parser.add_argument("--qty", "-q", type=str, help="下单数量", required=True)
    parser.add_argument("--dip", "-d", type=str, help="下跌幅度百分比", required=True)
    parser.add_argument("--profit", "-p", type=str, help="盈利百分比", required=True)
    args = vars(parser.parse_args())
    # 获取所有参数
    for key in args:
        # print(f"命令行参数名:{key},参数值:{args[key]}")
        if key == "symbol":
            symbol = args[key]
            # 取消所有订单
            cancelAllOrder(symbol)
        elif key == "qty":
            qty = args[key]
            # 设置下单数量的精度,也就是小数位数
            setqtyDecimalNum(qty)
        elif key == "dip":
            dip = float(args[key])
        elif key == "profit":
            profit = float(args[key])
    print(f"捕捉插针策略,交易对{symbol},下单数量{qty},下单幅度{dip},预计盈利{profit}")
main()
```

6.10 欧易捕捉插针策略机器人

用欧易 API 实现捕捉插针行情,和币安实现方法基本一样。

6.10.1 获取 K 线数据

K 线周期是 1min,数量是 50,代码如下:

```
symbol = "BTCUSDT"    # 交易对
ws = WsPublicAsync(url="wss://wsaws.okx.com:8443/ws/v5/business")
await ws.start()
args = []
arg1 = {"channel": "index-candle1m", "instType": "SPOT", "instId": symbol}
args.append(arg1)
await ws.subscribe(args, message_handler)
while True:
    await asyncio.sleep(1)

def message_handler(msg):
    data = json.loads(msg)
    print("交易对", print(data["arg"]["instId"]))
    # 当前收盘价
    price = float(data["data"][0][3])
    print(f"当前价格 ====={price}")
```

6.10.2　实现下单函数

实现限价单函数,输入参数为交易对(instId)、方向(side)、价格(price)、数量(sz),代码如下:

```python
#限价单
def newLimitOrd(instId, side, price, sz):
    result = tradeAPI.place_order(
        instId = instId,            #交易对
        tdMode = "cash",            #币币交易
        side = side,                #买入或卖出
        ordType = "limit",          #限价
        sz = sz,                    #数量
        px = price,                 #委托价格
    )
    print("币币限价下单结果", result)
    orderId = 0
    if result["code"] == "0":
        orderId = result["data"][0]["ordId"]
        print("orderId", orderId)
    return orderId
```

6.10.3　实现取消订单函数

目标是取消上一个周期的挂单,需要输入的参数是交易对和上一个订单的 ID,代码如下:

```python
#取消订单
def cancelOrder(instId, ordId):
    try:
        result = tradeAPI.cancel_order(instId, ordId)
        print("取消订单结果", result)
    except Exception as e:
        print(f"取消订单错误: {e}")
```

6.10.4　获取下单数量精度函数

每个交易对下单数量的精度,也就是最大小数位可能是不同的,例如 BTCUSDT 下单数量精度是 5,ETHUSDT 下单数量精度是 4,如果下单数量精度错误,则会导致下单失败,因此,通过命令行参数输入下单数量 qty 的小数位时一定要等于该交易对允许的最大小数位,代码如下:

```python
#计算小数位
def setDecimalNum(qty):
    global decimalNum
```

```
    arr = qty.split(".")
    if len(arr) > 0:
        decimalNum = len(arr[1])
    else:
        decimalNum = 0
    print(f"将小数位长度设置为{decimalNum}")
```

BTCUSDT 交易对的下单数量 qty，可以输入 0.00101，保持精度是 5 位，ETHUSDT 交易对的下单数量精度，输入 0.0101，保持 4 位小数，然后程序中的 setDecimalNum 函数就能把下单数量精度存入 decimalNum 这个变量里，以便在下单时保持同样的精度。

6.10.5　获取价格精度函数

从行情 API 获得的价格，小数点后会有很多个 0，例如 BTC 当前市价是 67988.15000000，可以先用 rstrip 函数把多余的 0 去掉，再获得精度，代码如下：

```
#计算价格的精度，也就是小数位
def getPriceDecimalNum(price):
    arr = price.split(".")
    if len(arr) > 0:
        num = arr[1].rstrip("0")
        numLen = len(num)
        return numLen
    else:
        return 0
```

6.10.6　程序主要逻辑

首先挂一个买单，并获得订单 ID，然后在下一个时间周期用这个订单 ID 查询订单状态，如果订单状态是 live，则表示未成交，取消订单，在新的位置再挂一个买单，如果订单状态是 filled，则表示完全成交；如果订单状态是 partially_filled，则表示部分成交，挂一个卖单卖出获利，卖单的价格是买入价＋利润，下单数量需要用查询订单信息中的 fillSz 字段的值，这个值代表实际成交的数量，代码如下：

```
success = False
ordId = ""
if not success and ordId == "":
    #首次挂单
    ordId = newLimitOrd(symbol, "buy", f"{newPrice}", qty)
    print(
        f"首次挂单：订单 id = {ordId}，交易对 = {symbol}，方向 = buy，价格 = {newPrice}，数量 = {qty}"
    )
elif not success and ordId != "":
    #检查订单是否成交
```

```python
        ord = getOrder(symbol, ordId)
        # 如果状态是 NEW,则表示未成交
        if ord["data"][0]["state"] == "live":
            # 取消订单
            cancelOrder(symbol, ordId)
            print("取消订单 id", ordId)
            # 重新挂单
            ordId = newLimitOrd(symbol, "buy", f"{newPrice}", qty)
            print(
                f"移动挂单:订单 id={ordId},交易对={symbol},方向=buy,价格={newPrice},数量={qty}"
            )
        elif (
            ord["data"][0]["state"] == "filled"
            or ord["data"][0]["state"] == "partially_filled"
        ):
            # 命中
            success = True
            print(f"订单 id={ordId}命中")

elif success and ordId != "":
    # 命中,计算盈利价格
    ord = getOrder(symbol, ordId)
    # 获得订单执行价格
    orderPrice = float(ord["price"])
    # 计算盈利价格
    profitPrice = orderPrice + orderPrice * profit
    # 保持正确的小数位
    priceDecimalNum = getPriceDecimalNum(ord["price"])
    profitPrice = round(profitPrice, priceDecimalNum)
    # 获取订单的执行数量
    fillSz = ord["fillSz"]
    try:
        ordId2 = newLimitOrd(symbol, "sell", f"{profitPrice}", fillSz)
        print(
            f"挂单信息:订单 id={ordId2},交易对={symbol},方向=sell,价格={profitPrice},数量={fillSz}"
        )
        print("======= 完成挂卖出单,等待成交获利 =======")
        print("====== 退出 ======")
        ordId = ""
        args = []
        arg1 = {
            "channel": "index-candle1m",
            "instType": "SPOT",
            "instId": symbol,
        }
        args.append(arg1)
        ws.unsubscribe(args, message_handler)
        return
```

```python
    except Exception as e:
        print(" ====== 挂卖出单错误 ====== ")
        print(e)
```

完整代码如下：

```python
# 文件名:okFlashCrash.py
# 插针策略
import argparse
import asyncio
import json
import time
from okx import Trade
from okx.websocket.WsPublicAsync import WsPublicAsync
from env import getOkApiKey

symbol = "BTCUSDT"        # 交易对
qty = "1.0"               # 下单数量
dip = 0.01                # 下单幅度百分比
profit = 0.002            # 计划盈利
# False 表示还未捕捉到插针,True 表示已经命中
success = False
# 订单 ID
ordId = ""
# 小数位数
decimalNum = 0

# 上次推送的时间戳
lastTm = 0

# 获取 API Key 和 Secret
apiKey, apiSecretKey, passphrase = getOkApiKey(
    "okTestKey", "okTestSecret", "passphrase"
)
tradeAPI = Trade.TradeAPI(
    apiKey, apiSecretKey, passphrase, False, flag="1"   # 0 为实盘,1 为模拟盘
)


# 限价单
def newLimitOrd(instId, side, price, sz):
    result = tradeAPI.place_order(
        instId = instId,                    # 交易对
        tdMode = "cash",                    # 币币交易
        side = side,                        # 买入
        ordType = "limit",                  # 限价
        sz = sz,                            # 数量
        px = price,                         # 委托价格
    )
    print("币币限价下单结果", result)
```

```python
        orderId = 0
        if result["code"] == "0":
            orderId = result["data"][0]["ordId"]
            print("orderId", orderId)
        return orderId


    #查询订单
    def getOrder(instId, ordId):
        try:
            result = tradeAPI.get_order(instId, ordId)
            print("获取订单信息", result)
            if len(result["data"]) > 0:
                state = result["data"][0]["state"]
                print("订单状态", state)
            return result
        except Exception as e:
            print(f"查询订单错误:{e}")
            return ord


    #取消订单
    def cancelOrder(instId, ordId):
        try:
            result = tradeAPI.cancel_order(instId, ordId)
            print("取消订单结果", result)
        except Exception as e:
            print(f"取消订单错误:{e}")


    #计算小数位
    def setDecimalNum(qty):
        global decimalNum
        arr = qty.split(".")
        if len(arr) > 0:
            decimalNum = len(arr[1])
        else:
            decimalNum = 0
        print(f"将小数位长度设置为{decimalNum}")

    #计算价格的精度,也就是小数位
    def getPriceDecimalNum(price):
        arr = price.split(".")
        if len(arr) > 0:
            num = arr[1].rstrip("0")
            numLen = len(num)
            return numLen
        else:
            return 0
```

```python
def message_handler(msg):
    global symbol, dip, ordId, decimalNum, profit, success, lastTm
    tm = time.time()
    during = int(tm - lastTm)
    data = json.loads(msg)
    if data.__contains__("data") and (during >= 60 or lastTm == 0 or success):
        print("交易对", print(data["arg"]["instId"]))
        # 当前收盘价
        price = float(data["data"][0][3])
        print(f"当前价格 ===== {price},间隔时间 = {during}秒")
        lastTm = tm
        # 新挂单价格
        newPrice = price - price * dip
        newPrice = round(newPrice, decimalNum)
        if not success and ordId != "":
            # 检查订单是否成交
            ord = getOrder(symbol, ordId)
            # 如果状态是 NEW,则表示未成交
            if ord["data"][0]["state"] == "live":
                # 取消订单
                cancelOrder(symbol, ordId)
                print("取消订单 id", ordId)
                # 重新挂单
                ordId = newLimitOrd(symbol, "buy", f"{newPrice}", qty)
                print(
                    f"移动挂单:订单 id = {ordId},交易对 = {symbol},方向 = buy,价格 = {newPrice},数量 = {qty}"
                )
            elif (
                ord["data"][0]["state"] == "filled"
                or ord["data"][0]["state"] == "partially_filled"
            ):
                # 命中
                success = True
                print(f"订单 id = {ordId}命中")

        elif not success and ordId == "":
            # 首次挂单
            ordId = newLimitOrd(symbol, "buy", f"{newPrice}", qty)
            print(
                f"首次挂单:订单 id = {ordId},交易对 = {symbol},方向 = buy,价格 = {newPrice},数量 = {qty}"
            )
        elif success and ordId != "":
            # 命中,计算盈利价格
            ord = getOrder(symbol, ordId)
            # 获得订单执行价格
            orderPrice = float(ord["price"])
            # 计算盈利价格
```

```python
            profitPrice = orderPrice + orderPrice * profit
            # 保持正确的小数位
            priceDecimalNum = getPriceDecimalNum(ord["price"])
            profitPrice = round(profitPrice, priceDecimalNum)
            # 获取订单的执行数量
            fillSz = ord["fillSz"]
            try:
                ordId2 = newLimitOrd(symbol, "sell", f"{profitPrice}", fillSz)
                print(
                    f"挂单信息:订单 id = {ordId2},交易对 = {symbol},方向 = sell,价格 = {profitPrice},数量 = {fillSz}"
                )
                print(" ======= 完成挂卖出单,等待成交获利 ======= ")
                print(" ====== 退出 ====== ")
                ordId = ""
                args = []
                arg1 = {
                    "channel": "index-candle1m",
                    "instType": "SPOT",
                    "instId": symbol,
                }
                args.append(arg1)
                ws.unsubscribe(args, message_handler)
                return
            except Exception as e:
                print(" ======= 挂卖出单错误 ======= ")
                print(e)


async def main():
    ws = WsPublicAsync(url="wss://wsaws.okx.com:8443/ws/v5/business")
    await ws.start()
    args = []
    arg1 = {"channel": "index-candle1m", "instType": "SPOT", "instId": symbol}
    args.append(arg1)
    await ws.subscribe(args, message_handler)
    while True:
        await asyncio.sleep(1)


if __name__ == "__main__":
    # global symbol, qty, dip, profit
    parser = argparse.ArgumentParser(description="命令行参数")
    parser.add_argument("--symbol", "-s", type=str, help="交易对", required=True)
    parser.add_argument("--qty", "-q", type=str, help="下单数量", required=True)
    parser.add_argument("--dip", "-d", type=str, help="下跌幅度百分比", required=True)
    parser.add_argument("--profit", "-p", type=str, help="盈利百分比", required=True)
    args = vars(parser.parse_args())
    # 获取所有参数
    for key in args:
```

```python
        #print(f"命令行参数名:{key},参数值:{args[key]}")
        if key == "symbol":
            symbol = args[key]
        elif key == "qty":
            qty = args[key]
            #设置小数位数
            setDecimalNum(qty)
        elif key == "dip":
            dip = float(args[key])
        elif key == "profit":
            profit = float(args[key])
print(
    f"欧易捕捉插针策略,交易对{symbol},下单数量{qty},下单幅度{dip},预计盈利{profit}"
)
asyncio.run(main())
```

图书推荐

书 名	作 者
仓颉语言实战(微课视频版)	张磊
仓颉语言核心编程——入门、进阶与实战	徐礼文
仓颉语言程序设计	董昱
仓颉程序设计语言	刘安战
仓颉语言元编程	张磊
仓颉语言极速入门——UI全场景实战	张云波
HarmonyOS移动应用开发(ArkTS版)	刘安战、余雨萍、陈争艳 等
公有云安全实践(AWS版·微课视频版)	陈涛、陈庭暄
Vue+Spring Boot前后端分离开发实战(第2版·微课视频版)	贾志杰
TypeScript框架开发实践(微课视频版)	曾振中
精讲MySQL复杂查询	张方兴
Kubernetes API Server源码分析与扩展开发(微课视频版)	张海龙
编译器之旅——打造自己的编程语言(微课视频版)	于东亮
Spring Boot+Vue.js+uni-app全栈开发	夏运虎、姚晓峰
Selenium 3自动化测试——从Python基础到框架封装实战(微课视频版)	栗任龙
Unity编辑器开发与拓展	张寿昆
跟我一起学uni-app——从零基础到项目上线(微课视频版)	陈斯佳
Python Streamlit从入门到实战——快速构建机器学习和数据科学Web应用(微课视频版)	王鑫
Java项目实战——深入理解大型互联网企业通用技术(基础篇)	廖志伟
Java项目实战——深入理解大型互联网企业通用技术(进阶篇)	廖志伟
深度探索Vue.js——原理剖析与实战应用	张云鹏
前端三剑客——HTML5+CSS3+JavaScript从入门到实战	贾志杰
剑指大前端全栈工程师	贾志杰、史广、赵东彦
JavaScript修炼之路	张云鹏、戚爱斌
JavaScript基础语法详解	张旭乾
Flink原理深入与编程实战——Scala+Java(微课视频版)	辛立伟
Spark原理深入与编程实战(微课视频版)	辛立伟、张帆、张会娟
PySpark原理深入与编程实战(微课视频版)	辛立伟、辛雨桐
HarmonyOS应用开发实战(JavaScript版)	徐礼文
HarmonyOS原子化服务卡片原理与实战	李洋
鸿蒙操作系统开发入门经典	徐礼文
鸿蒙应用程序开发	董昱
鸿蒙操作系统应用开发实践	陈美汝、郑森文、武延军、吴敬征
HarmonyOS移动应用开发	刘安战、余雨萍、李勇军 等
HarmonyOS App开发从0到1	张诏添、李凯杰
Android Runtime源码解析	史宁宁
恶意代码逆向分析基础详解	刘晓阳
网络攻防中的匿名链路设计与实现	杨昌家
深度探索Go语言——对象模型与runtime的原理、特性及应用	封幼林
深入理解Go语言	刘丹冰
Spring Boot 3.0开发实战	李西明、陈立为

续表

书　名	作　者
编程改变生活——用 PySide6/PyQt6 创建 GUI 程序（基础篇·微课视频版）	邢世通
编程改变生活——用 PySide6/PyQt6 创建 GUI 程序（进阶篇·微课视频版）	邢世通
编程改变生活——用 Python 提升你的能力（基础篇·微课视频版）	邢世通
编程改变生活——用 Python 提升你的能力（进阶篇·微课视频版）	邢世通
Python 量化交易实战——使用 vn.py 构建交易系统	欧阳鹏程
Python 从入门到全栈开发	钱超
Python 全栈开发——基础入门	夏正东
Python 全栈开发——高阶编程	夏正东
Python 全栈开发——数据分析	夏正东
Python 编程与科学计算（微课视频版）	李志远、黄化人、姚明菊 等
Python 数据分析实战——从 Excel 轻松入门 Pandas	曾贤志
Python 概率统计	李爽
Python 数据分析从 0 到 1	邓立文、俞心宇、牛瑶
Python 游戏编程项目开发实战	李志远
Java 多线程并发体系实战（微课视频版）	刘宁萌
从数据科学看懂数字化转型——数据如何改变世界	刘通
Flutter 组件精讲与实战	赵龙
Flutter 组件详解与实战	［加］王浩然（Bradley Wang）
Dart 语言实战——基于 Flutter 框架的程序开发（第 2 版）	亢少军
Dart 语言实战——基于 Angular 框架的 Web 开发	刘仕文
IntelliJ IDEA 软件开发与应用	乔国辉
FFmpeg 入门详解——音视频原理及应用	梅会东
FFmpeg 入门详解——SDK 二次开发与直播美颜原理及应用	梅会东
FFmpeg 入门详解——流媒体直播原理及应用	梅会东
FFmpeg 入门详解——命令行与音视频特效原理及应用	梅会东
FFmpeg 入门详解——音视频流媒体播放器原理及应用	梅会东
FFmpeg 入门详解——视频监控与 ONVIF＋GB28181 原理及应用	梅会东
Python Web 数据分析可视化——基于 Django 框架的开发实战	韩伟、赵盼
Python 玩转数学问题——轻松学习 NumPy、SciPy 和 Matplotlib	张骞
Pandas 通关实战	黄福星
深入浅出 Power Query M 语言	黄福星
深入浅出 DAX——Excel Power Pivot 和 Power BI 高效数据分析	黄福星
从 Excel 到 Python 数据分析：Pandas、xlwings、openpyxl、Matplotlib 的交互与应用	黄福星
云原生开发实践	高尚衡
云计算管理配置与实战	杨昌家
虚拟化 KVM 极速入门	陈涛
虚拟化 KVM 进阶实践	陈涛
HarmonyOS 从入门到精通 40 例	戈帅
OpenHarmony 轻量系统从入门到精通 50 例	戈帅
AR Foundation 增强现实开发实战（ARKit 版）	汪祥春
AR Foundation 增强现实开发实战（ARCore 版）	汪祥春